墨香财经学术文库

基于大数据的风洞马赫数集成建模方法的研究

The Research of Ensemble Methods Based on Big Data
for the Mach Number Prediction in Wind Tunnel

王晓军　著

东北财经大学出版社　　大连
Dongbei University of Finance & Economics Press

图书在版编目（CIP）数据

基于大数据的风洞马赫数集成建模方法的研究 / 王晓军著. 一大连 ： 东北财经大学出版社，2024.4
（墨香财经学术文库）
ISBN 978-7-5654-5179-9

Ⅰ.基…　Ⅱ.王…　Ⅲ.风洞试验－马赫数－系统建模　Ⅳ.V211.74

中国国家版本馆CIP数据核字（2024）第055341号

东北财经大学出版社出版发行

　　大连市黑石礁尖山街217号　邮政编码　116025

　　网　　址：http：//www.dufep.cn

　　读者信箱：dufep@dufe.edu.cn

大连图腾彩色印刷有限公司印刷

幅面尺寸：170mm×240mm　字数：129千字　印张：9　插页：1
2024年4月第1版　　　　2024年4月第1次印刷
责任编辑：孙　平　　　　责任校对：雪　园
封面设计：原　皓　　　　版式设计：原　皓
定价：52.00元

前言

　　风洞是飞行器设计初期进行空气动力学实验的设备。试验段马赫数作为风洞试验的一个重要性能指标，它的稳定性对风洞流场品质有着重要影响。为了实现马赫数的精确控制，必须对马赫数进行快速、准确预测。然而，风洞试验中累积的具有样本规模大、输入特征维数高等特点的大数据是实现马赫数快速、准确预测的主要难点。本书针对基于大数据的风洞马赫数集成建模方法进行了研究，主要工作归纳如下：

　　1.建立了风洞流场模型结构。首先，以FL-26跨声速风洞为研究对象，分析风洞系统气动结构、空气环流及试验工况特点，为数据建模提供先验知识。其次，确定马赫数数据模型结构，分别建立了总压、静压NARX辨识模型。最后，分析实现基于数据驱动的马赫数预测模型的主要难点，确定采用集成建模方法的解决方案。

　　2.研究了风洞马赫数集成建模方法。构造多个独立的样本子集或特征子集是集成模型降低复杂度、解决大数据建模难题的有效途径。首先，建立了随机森林马赫数模型。在样本子集集成方法中，随机森林算法在降低复杂度方面最具代表性。实验表明，针对两种工况的随机森林马赫数模型取得了一定成果，但针对三种工况时，其预测速度及精度都明显下降。这主要归因于随机森林无法解决高维问题。另外，随着试验数据复杂程度的加深，即样本规模的扩大、非线性程度的加强、数据分布的不均衡，随机森林难以满足马赫数预测速度及精度的要求。其次，基于多元模糊泰勒定理，本书提出了特征子集集成（FSE）方法。该方法能够直接、快速、全面地划分特征空间，构建低维特征子集，节省更多的计算机存储空间，间接"缩小"样本规模、"均衡"数据分布，更有利于实现马赫数的快速、准确预测。FSE方法能够有效地解决大数据规模大、种类多和要求处理速度快的问题。

3.面向大数据集，研究了FSE模型中的基学习机，即子模型学习算法。预测精度高、差异大的子模型是设计好的集成模型的必要条件。适合的基学习机是满足该条件的重要因素，同时能够有助于FSE方法解决大数据值密度低的问题。因此，本书分别以BP网络和fixed-size LS-SVM为代表，研究了FSE方法对不稳定学习机和稳定学习机的有效性问题。实验表明，针对三种工况下的马赫数预测，相对于单一模型，FSE方法能够显著降低模型复杂度、提高预测精度，满足马赫数预测速度及精度的要求。基于FSE结构，在马赫数预测速度及精度上：同属于不稳定学习机，非线性强学习机BP网络比线性弱学习机回归树更具优势；同属于非线性强学习机，fixed-size LS-SVM比BP网络更具优势。

4.研究了FSE模型的集成修剪算法。过多冗余的子模型会限制FSE模型的应用潜能，因此有必要在保证预测精度的条件下，减少子模型个数。针对该问题，本书提出了基于最大熵的集成修剪（MEP）算法。首先，按误差从小到大排列子模型，以误差最小的 P^* 个子模型作为初始工作集；其次，以工作集熵值最大为准则，不断替换工作集中的子模型。MEP算法可以充分利用子模型的预测精度和多样性。MEP-FSE方法在一定程度上解决了大数据种类多、价值密度低的问题。实验表明，MEP-FSE马赫数模型的预测精度高于FSE模型的预测精度。

5.研究了FSE方法对噪声数据的鲁棒性。FSE方法全面划分特征空间，重复使用整个训练集，噪声数据也会被重复使用，限制了模型预测精度的提高。首先，为增强FSE模型的鲁棒性，在特征子集中引入

Bootstrap 采样方法用以限制噪声数据的重复使用，并提出了 Bootstrap-FSE 方法。该方法能够有效解决大数据真实性低的问题，并在一定程度上解决了大数据要求处理速度快的问题。其次，建立了 Bootstrap-FSE 马赫数模型，分别在低噪声和高噪声数据集上进行验证。实验表明，Bootstrap-FSE 模型的鲁棒性优于 FSE 模型的鲁棒性，能够进一步提高马赫数的预测速度及精度。

作者

2023 年 12 月

▌目录

1 导论

1.1 研究背景与意义

风洞是研究空气流动规律、航空航天飞行器及其他物体气动特性的重要地面模拟平台，它是一种产生可控均匀气流的管状试验装置[1]。风洞试验作为获取飞行器等的气动力数据，评估分析布局设计和预测飞行性能的主要手段，其精准度直接关系到飞行器布局方案的优化选择和对实际飞行性能的准确预测，从而关系到飞行器的研制质量和研制水平[2-4]。

FL-26 风洞是我国自行研制的、亚洲口径最大的、2.4m 暂冲式跨声速增压风洞。作为空气动力学试验的主要平台，该风洞具有如下特点：

第一，马赫数控制精度要求高。我国大飞机（C919 大型客机、运20 大型军用运输机）的研制对风洞流场马赫数的控制精度提出了严苛的要求，试验过程中流场马赫数的控制精度必须达到 0.1%。而大飞机、远程轰炸机等我国自主在研项目唯一可依赖的跨声速气动力试验平台

（FL-26风洞）由于没有精确的空气动力学模型，只能采用PID控制器，导致马赫数控制精度仅为0.2%~0.3%。

第二，调试难度大。在风洞系统的运行过程中，存在着气源压力下降、模型姿态变化带来的确定性扰动，传感器、执行机构带来的不确定性扰动，以及试验工况频繁变换带来的设定值扰动。FL-26风洞每次试验的时长只有45s~90s，仅确定性扰动就有10余次，设定值变化6~8次。在短暂的运行时间内，频繁的扰动导致了系统一直处于动态调节的状态，控制精度很难达到要求。虽然在某些试验工况工作点附近，采用预测控制可能取得较好的控制精度，但由于空气动力学试验要求控制周期在20ms左右，如此短的控制周期，使得计算复杂度很高的先进控制方法难以应用。

第三，调试时间长。为达到较为理想的控制精度，往往是气动专家基于小型引导风洞的经验，预先设定各个子系统的工作点，实现基于经验的解耦控制。这种方法受制于专家经验，表现在当设定的工作点偏差较大时，系统调节时间长，影响控制的快速性能，导致能耗高，造成在风洞调试中耗费大量的时间和资金，且调试结果不够理想。如瑞典航空研究院（FFA）设计的T1500风洞、俄罗斯F109风洞等高速风洞，其调试花费两年左右的时间，调试吹风车次达数千次。国内在进行2.4m跨声速风洞调试前，修建了0.24m的引导风洞进行研究，在此基础上，风洞调试还花费了将近两年的时间，调试吹风车次达1 200次之多。

第四，流场品质要求高。随着航空航天飞行器研究的快速发展，先进气动布局、翼型的研究对风洞流场品质的要求越来越高。以最具代表性的阻力系数为例，它的增加会直接影响飞行器的升限、最大航程、最大速度以及装载重量等。如美国大型运输机C-5A，若阻力系数降低1个单位（0.0001），则可增加454kg载荷，相当于飞机在11 260km航程中节约20万美元。H6飞机阻力系数增加6个单位，其升限降低130m，航程减少36km，载荷减少1 000kg。

第五，能耗高。风洞属于高能耗的设备。FL-26风洞以中高压气源作为动力，试验车次超过4 000次/年。按照一次试验60s进行计算，一次试验的成本就高达上万元。即将建成的、具有更好试验性能以及更强模拟能力的2.4m低温高雷诺数风洞，其驱动系统主机功率大于60MW，折算成本将是现有FL-26风洞的10倍以上。因此，在满足控制精度要求的前提下，减少流场建立时间、提高调节效率，对缩短风洞试验运行时间、节能降耗具有重要意义。

第六，核心设备昂贵。FL-26风洞造价近2亿元人民币，而作为目前世界上最复杂的空气动力学地面模拟设备，2.4m低温高雷诺数风洞的投资预算更是高达50亿元人民币。暂冲式风洞启动、充压和停止均会对风洞内部构件、壳体及模型等形成强大冲击，会增加核心设备的损耗，耗费大量的维修经费和时间，降低风洞的试验效率。平稳控制可以降低对风洞的冲击，但充压时间增长；而快速的充压势必会增大气流对设备的冲击。因此，如何更好地实现风洞平稳启动与充压，以及洞内多点压力平衡，对降低风洞的运行成本和提高运行效率具有重要意义。

中国空气动力研究与发展中心集中了国内最好的高速风洞群，既具有长期运行积累了大量试验数据的优势，又面临新建多座大口径高速风洞的挑战。在国内外大力发展工业大数据的背景下，以知识自动化为基础，面向马赫数的高精度控制，通过对相关技术的深入研究以及应用推广，将那些沉睡的试验运行数据进行有效利用，融合先进控制理论和方法，建立适用于高速风洞流场控制的知识自动化理论，形成一套实用的风洞流场参数协调控制方法来逐步提高大数据时代的风洞控制水平，迎接航空航天领域提出的更加严峻的考验与挑战。

综上，在大数据条件下，基于知识自动化的高速风洞流场先进控制策略的研究是一项探索有效解决目前新风洞和新工况调试难度大、流场的控制精度要求高，以及试验效率亟须提升等问题的重要课题，也是适于我国风洞试验领域智能化、绿色化与高效低耗的必由之路。先进的控制算法一般建立在高精度模型的基础上，为此，本书进行了基于大数据的高精度风洞马赫数建模方法的研究。

1.2 风洞简介

1.2.1 风洞及其用途

风洞是空气动力学研究和飞行器研制的最基本试验设备。它是一个按特定要求设计出来的管道系统，采用动力装置驱动并产生均匀可控气流，根据运动的相对性以及相似性原理，在地面条件下模拟特定气流环境，从而进行各种空气动力学试验[1]。

迄今为止，大部分气动力试验都是在风洞中完成的，空气动力学的许多重要理论，如德国科学家普朗特的附面层理论、俄国科学家茹科夫斯基的空气螺旋桨理论等，都是在风洞试验中经过大量观测后才提出来的，并通过风洞试验进行了验证[5]。

自世界上第一架飞机出现，几乎所有飞行器的研制都离不开风洞。风洞试验为导弹、飞机以及其他飞行器的研制和改进提供了空气动力数据，并被用以验证飞行器设计是否合理以及气动特性是否能够满足设计要求等。例如，早期飞机的最快飞行速度大约从180km/h提高到600km/h。如果仅仅依靠增大飞机发动机的功率来提高飞行速度，那么发动机的功率需要增大27倍以上。然而，实际上该期间内飞机发动机功率仅增大了2倍，飞行速度的提高主要归因于飞机阻力的减小，尤其是各部件之间的干扰阻力。在当时的条件下，这些减阻措施都是经过大量风洞试验提出来的。例如，层流翼型、后掠翼和三角翼布局、变后掠机翼和超临界翼型、边条翼等，都是先在风洞中进行了大量的试验之后才运用到飞机的设计中的[5]。

随着科学技术的发展，风洞在非航空航天领域的应用日趋广泛。例如，在交通领域，利用风洞进行测力试验及流态观察试验，研究车头和车尾部的外形设计、车篷对减阻的贡献、汽车发动机冷却流及汽车附件和车厢布局的影响。在建筑领域，利用风洞进行缩尺寸模型试验，研究普通建筑、高层建筑、电视塔、大型塔架及其他各种建筑物的风载性能。此外，关于防风林和防沙林、体育器械的性能以及各种风力机械等方面的研究与应用也都需要通过风洞进行试验[5]。

1.2.2　风洞的国内外发展概况

自英国人温霍姆（F. H. Wenham）建成世界上公认的第一座风洞以来，风洞设备经历了 100 多年的改进与发展。温霍姆风洞是一个长 3.5m，横截面为 0.475m×0.475m，四周封闭、两端开口的矩形风箱[6, 7]。美国莱特兄弟建造了较大的复杂风洞，试验段尺寸达到 4m×4m，且安装了测力天平，该风洞为第三号滑翔机的研制提供了大量试验数据，验证了风洞的使用价值[7]。

普朗特风洞是现代风洞的开端，随着科学技术的发展，现代风洞设备已经得到了极大的发展。据不完全统计，到目前为止全世界建成的生产型风洞有 300 余座[6, 8]。风洞的发展大致经历了以下几个阶段[6, 9-12]。

（1）低速风洞发展阶段

为了探索研究螺旋桨飞机在飞行过程中遇到的诸多空气动力学问题，工业发达国家开始建造大型低速风洞，如美国建设了 18.3m×6.2m 全尺寸风洞等。低速风洞出现的时间最长，发展也最为成熟。世界上低速风洞大部分分布在美国、俄罗斯、欧洲等发达国家和地区，其中主要的低速风洞美国有 40 多座，俄罗斯有 10 余座，欧洲和日本有 30 多座。例如，美国国家航空航天局（NASA）兰利研究中心建造的 4m×7m 低速风洞，最大马赫数为 0.31，该风洞主要是为了研究有关垂直/短距起降飞行器的空气动力学机理。德国-荷兰 DNW-LLF 风洞是西欧最大的低速风洞，包含三个封闭的、可互换的试验段，其尺寸分别为 9.5m×9.5m、8m×6m、6m×6m，最大马赫数分别为 0.18、0.34、0.476。该风洞可进行空气动力学和航空声学方面的试验。

（2）超声速风洞发展阶段

德国普朗特建成了第一座超声速风洞，主要是为了解决炮弹的气动问题以及对超声速流的一般规律进行研究。斯坦顿在小风洞中先后建立了马赫数 1.5 到 1.7 的超声速流。瑞士学者 G. Ackerret 建造了第一座超声速连续式风洞，其试验段马赫数为 2；德国建造了试验段尺寸为 0.4m×0.4m 的超声速风洞，最高马赫数可达 4.33。大推力喷气发动机的研制成功使得超声速飞行成为可能,从而促进了超声速飞行器和超声速风洞的发展。美国建造了世界上最大的超声速风洞,试验段尺寸为4.88m×4.88m。英、法等国家也相继建造了一批超声速风洞,如英国Bedford 2.5m风洞、法国S2MA 1.75m×1.77m风洞等。

(3)跨声速风洞发展阶段

跨声速风洞出现在超声速风洞之后。在风洞中进行近声速试验时会出现"音障"现象。美国NASA兰利研究中心建造了世界上第一座跨声速风洞,为飞机成功突破"音障"提供了基础。目前世界上2m量级以上的跨声速风洞有20余座,其中中国空气动力研究与发展中心的FL-26风洞和瑞典FFA T1500风洞为暂冲式跨声速风洞,其他大多是连续式跨声速风洞,如法国航空航天研究院的S2-MA跨声速风洞等。近年来,为了满足大型运输机和运载火箭的研究需求,跨声速风洞正在朝大试验雷诺数方向发展。

(4)高超声速风洞发展阶段

航天飞行器的迅猛发展,推动了各类高超声速风洞的发展,如低密度风洞、推进风洞、激波风洞、热结构风洞、电弧加热器、自由飞弹道靶等,为飞船、运载火箭等航天工程的发展奠定了基础。

(5)风洞更新改造与专用风洞发展阶段

随着计算机技术的发展,各国对早期建造的风洞进行了控制和测量技术等方面的改造,风洞设备自动化程度以及试验效率得到了大幅度的提高。许多重点风洞还在试验技术扩展、流场品质等方面进行了更新改造。例如,美国NASA兰利研究中心对4m×7m低速风洞进行了一系列的改造,扩展了该风洞在旋翼试验和声学试验方面的能力。法国宇航院对F1低速风洞进行了声学实验段改造,实验段内铺设了15cm厚的吸声层,吸声频率范围为600Hz~25kHz。

(6)风洞发展从数量规模转向能力品质发展阶段

风洞在数量上呈现出过剩现象,同时缺少能够满足未来型号的、精细化发展要求的高性能风洞。一些新兴经济强国为了在航空航天领域占有一席之地,开始重点研发急需型风洞,例如,韩国宇航研究院的4m×3m低速风洞、意大利航天中心的结冰风洞等。

清华航空研究所（清华大学航空发动机研究院）建造了 1.52m×1.52m 低速风洞，成都航空研究院建造了 1.52m×2.13m 低速风洞。这些早期的风洞为后来中国航空航天事业的发展打下了基础。我国先后建造了 0.6m 低速声速风洞、1.2m 跨声速风洞、2.4m 跨声速风洞。另外，还有一批用于科研、教学等的小型风洞。同时，我国也建造了很多生产型风洞，目前已有低速风洞 13 座，跨声速风洞 15 座，高超声速及超高速风洞 16 座，这些风洞为我国自行研发各类飞机、飞船、导弹、火箭及卫星等提供了大量试验数据，为中国空气动力学研究事业和人才培养做出了贡献[1, 7]。

随着经济全球化的进一步发展，面对激烈的风洞试验市场竞争和未来高性能飞行器研制的挑战，发达国家开始规划研究 21 世纪航空航天事业对风洞试验设备的需求，风洞建设和运营也逐渐呈现出新的发展趋势。

1.3　风洞建模方法及研究现状

在系统分析与控制中，建立系统的模型是一项非常重要的工作。关于风洞马赫数的控制研究，主要是基于其数学模型来进行的。为了达到工程上马赫数控制精度的要求，一个能够准确描述风洞输入、输出动态行为的模型是必不可少的。因此，在对风洞系统马赫数控制器进行设计之前，需要对其建立有效的数学模型。风洞尺寸、结构以及工作马赫数的不同，导致不同风洞的数学模型差异很大，风洞流场建模通常依据具体风洞展开。目前，风洞建模方法主要有机理分析法与数据驱动法两种，其中机理模型以风洞空气环流的空气动力学模型为主。

1.3.1　机理分析法

机理分析法是对系统进行描述的最直接、最明确的建模方法，往往会被优先考虑。风洞流场的机理模型建立在对风洞环流机理、风洞试验工艺工程机理等的深刻了解的基础上，其主要是对风洞环流进行空气动力学分析，运用相关学科中的各种原理，推导出数学方程式，进而对过程进行描述。机理模型的主要优点在于：模型中各参数的物理意义明确，便于研究风洞系统的实际工作原理；当机理模型较为准确时，它的外推性能好、可解释性强，便于实际应用。

瑞典 T1500（1.5m×1.5m 引射式跨声速）风洞，在研究控制策略的过程中，将空气动力学理论与控制理论相结合，根据非线性一维气动力方程，建立了风洞空气环流的数值模型，然后利用液压伺服阀门模型，获得风洞运行过程的数值模型[13]。

荷兰国家空间实验室的 HST 风洞（连续式高速风洞），设计了 PID 控制器，为风洞内的空气环流建立了马赫数为 0.8 的过程模型。然而，该模型是一种线性系统描述方法，当系统存在时变特性或迎角速度变化较快时，迎角系统会对流场产生较大干扰[14]。

美国跨声速 NTF 风洞，在马赫数等变量的控制过程中，存在着严重的多系统耦合现象。该风洞在针对多输入、多输出系统进行控制器设计和分析时，采用了传递函数模型，以线性常微分方程描述被控对象。然而，基于传递函数设计的控制器，对于具有时变特性的、严重非线性的系统很难获得较好的控制效果[15]。

1.3.2 数据驱动法

风洞系统具有内部结构复杂、各部分相互耦合、扰动频繁等特点[16-18]，为了描述风洞空气环流的整体特性，现有的机理模型大多是将空气复杂的三维流动简化为一维流动。虽然根据质量、动量以及能量守恒定律获得的一维非定常方程能够较好地预测整体量，例如马赫数、压力等的非定常变化规律，但不能精确地描述风洞的局部流场细节[19]。当要求进一步提高马赫数的控制精度时，机理模型难以适应控制器的要求。建立基于数据的风洞马赫数模型已成为提高其控制精度的必然要求。

通过查阅相关国内外文献，可以发现，有关风洞数据建模方面的工作开展得比较晚，目前相关文献并不多见，基于数据建模仍需要进一步的探索和研究。

Manitius[20] 在对风洞第二喉道马赫数的控制中，根据基于数据的系统辨识理论，建立了第二喉道马赫数模型作为被控制对象。但是，该模型只针对风洞试验的稳马赫数阶段进行预测，并不涉及试验的其他阶段。赵书军等[21]在研究引射式风洞流场特性的基础上，建立了马赫数在线辨识模型，并采用神经网络对两种特殊工况下的马赫数进行预测，但是，并没有详细说明输入变量的选取过程，仿真结果也不明确。沈逢京[22]将复杂的风洞系统简化为一个双输入、双输出的系统，并采用最小二乘方法进行系统辨识。但是，该模型所使用的数据是通过阶跃实验得到的，而且在建模过程中只考虑了主排气阀位移和驻室流量阀位移对马赫数的影响，忽略了气源、迎角、主调压阀位移等对马赫数的影响。另外，也没有详细说明变量之间的耦合关系。宋佳佳[23]分别针对风洞试验的启动充压阶段、稳压阶段和稳马赫数阶段，基于带有外部输入的非线性自回归滑动平均（Nonlinear Auto-Regressive Moving Average with eXogenous variables，NARMAX）辨识方法，建立了马赫数预测模型，并使用BP网络拟合NARMAX辨识模型中的非线性函数。但是，在风洞试验中，需要不断切换使用三个阶段的马赫数模型，切换时间难以把握，不利于实际应用。另外，风洞系统中影响马赫数的因素较多，而NARMAX辨识模型中包含了输入、输出以及误差变量的时间序列，导致NARMAX辨识模型过于复杂，不利于马赫数的快速预测。Dandois & Pamart[24]采用带有外部输入的非线性自回归（Nonlinear Auto-Regressive with eXogenous variables，NARX[25]）模型，辨识风洞系统中的压力信号。

NARX辨识模型能够借助系统输入、输出数据，确定过程的动态品质或系统的结构及参数，具有逼近精度高、结构简单、收敛速度快等优点，对于先进控制方法具有很好的适应性。利用NARX辨识模型来预测风洞试验段马赫数已成为提高其控制精度的必然要求。因此，本书选用基于数据的NARX动态模型作为风洞系统的辨识结构。

1.4 工业大数据建模研究现状

随着互联网、计算机、云计算、物联网、传感器、通信、数据存储等科学技术的飞速发展，以数量庞大、时效性强、种类繁多为特征的非结构化数据不断涌现，数据的重要性也愈发凸显，传统的数据存储、分析、处理技术难以实时处理大量的非结构化信息，因此，大数据的概念应运而生且日益升温[26-27]。大数据的规模随时间指数级增长[28]，预计到2027年每年将产生1YB（10^{24} Bytes）[29] 数据。

与大多数信息学领域的问题一样，大数据的基本概念及特点，目前尚无统一的认识。当前较为普遍的认识是大数据具有4个基本特性[27]：数据规模大（Volume），数据种类多（Variety），数据要求处理速度快（Velocity），数据价值密度低（Value），即所谓的"4Vs"特性。"4Vs"特性使得大数据区别于传统的海量数据，后者仅强调数据的量（或规模），而大数据不仅强调数据的量大，还进一步指出数据的快速时间特性、数据的复杂形式，以及对数据分析处理等的专业化要求，最终从数据中获得高价值信息的能力[27]。

1.4.1 工业大数据特点

相较于互联网大数据近年来从无到有的迅猛发展，工业大数据具有更好的基础。工业过程不仅在时间上不断存储、积累过程运行数据，同时也在空间上扩展、采集、传输数据，从而获得了时间上和空间上的不同尺度的大规模数据，以及分散于工业过程各级部门的多源、多类别数据，如声音、图像、文本等。

目前，人们对工业大数据的认识已从"4Vs"特性发展到"5Vs"（"4Vs"与Veracity——真实性）特性[26]，其中：

（1）数据规模大（Volume）体现在数据规模的相对性上

Robert Hilliard[30] 指出，相较于互联网大数据，工业大数据规模并不大，但是由于采样率高，总体采样时间长、信息密度高，因此仍可称为大数据。

（2）数据种类多（Variety）体现在数据多类别、多层面以及不规则采样上

工业过程大都分层运行，采集的时间序列数据既包括高维、动态的过程数据，又包括因不规则采样而获得的指标数据。另外，数据具有多

层面特性，其包含了声音、文本、图像等多种储存形式。

（3）数据要求处理速度快（Velocity）体现在实时建模和对数据模型预测速度的高要求两方面

工业过程运行工况及产品质量指标的实时控制与优化，不但要求数据的实时处理（即实时建模与在线更新），还要求数据模型在使用时能够进行快速、准确预测，进而改善其跟踪预报能力。

（4）数据价值密度低（Value）体现在包含冗余数据以及数据价值实现程度低两方面

数据主要通过建模实现其价值，时间尺度的时间序列模型、空间尺度的潜结构模型等都属于实现数据价值的建模范畴。

（5）数据真实性低（Veracity）体现在包含噪声数据上

针对此特性，要求对包含噪声的数据进行鲁棒建模。在实际工业过程中，由于测量仪器、仪表等设备故障及异常干扰等的不利影响，测量数据中混杂着缺失点、离群点等异常样本，即噪声（或不真实）数据。

工业大数据蕴含大价值，麦肯锡全球研究院发布的 Big Data: The Next Frontier for Innovation，Competition，and Productivity 指出，工业过程可以通过对大数据的分析及应用，降低资源、能源等的消耗，增强生产力，提高效益。以工业大数据为价值源，当时预测到 2020 年其总体价值将接近 1.3 万亿美元[31]。工业大数据实现价值的主要途径有两种[26, 31-33]：一是建立基于大数据的预测模型，实现数据的快速分析与处理，提高预测精确度，降低决策错误率；二是通过将生产数据、原料数据以及销售数据等融合使用，调试过程运行参数，改进生产方式，提高生产效率，改善产品质量，满足用户需求。

然而，由于缺少提取高价值信息的高效计算技术和有效分析工具，工业大数据还未被充分利用。目前，工业大数据的使用方式主要是将数据进行压缩、短时间段的存档，然后在特定运行状况下进行数据的恢复与分析，而不是像互联网等将历史大数据视为资产用于常规决策中。工业大数据面临的挑战是如何挖掘历史大数据中的知识。然而，知识并非直接呈现在数据里，而是呈现在基于大数据的模型中，即大数据通过数据模型实现其价值[26, 34]。

1.4.2　工业大数据建模

目前，大数据建模技术的发展主要由亚马逊、谷歌等互联网公司引领，其以分布式存储和分布式处理为基础，建立适合实时数据分析与处理的存储结构和计算引擎。研究重点主要包括大数据平台架构和大数据计算框架两部分[26]。互联网大数据建模技术主要针对基于大数据的统计、查询和决策等简单应用，强调非结构化数据的存储和管理，通常简单的统计分析就能够发掘出部分信息。工业大数据建模面向工业过程的控制、优化、决策、故障诊断等复杂应用，解决较为复杂的建模问题，因此需要更深入的数据建模方法。

当前关于工业大数据建模方法的研究仍处于起步阶段，该阶段主要关注如何解决将大数据融合于控制、优化等应用时，带来的复杂数据分析难度大、实时数据处理要求高等问题，尤其是如何充分利用工业过程历史运行大数据建模设计阶段未考虑的运行变化信息。现阶段工业大数据建模方法的研究可以分为以下4个主要方向[26]：

（1）并行、在线实时建模的大规模数据计算架构

工业过程绝大部分现有的数据采集分析系统使用的数据库通常难以与高级运行数据库相结合，这些系统大多不支持多源历史数据和在线实时大规模数据的快速建模。直接使用现有的数据计算架构难以满足工业大数据建模精度及速度的要求，甚至难以实现建模。并行（或分布式）计算结构基于分而治之的思想，通过同时编排多个计算平台任务提高效率；在线（或迭代式）计算结构基于动态数据流的学习策略，通过不断更新数据信息提高资源利用率。因此，并行、在线实时建模的大规模数据计算架构是解决工业大数据建模难的问题的有效途径之一。具体地，该架构还可分为3个小方向，即建立计算资源融合共享的软硬件体系结构、建立数据模型提取的计算架构，以及建立数据和任务分别并行处理的分布式建模架构。

（2）含噪声数据的鲁棒建模

噪声数据因缺乏真实性而给数据模型的预测精度及可用性带来了负向影响，针对该问题主要有两种解决方式：去噪声再建模和直接在含噪

声的数据集上鲁棒建模。去噪声再建模就是要对数据进行预处理，获得
"干净""真实"的数据之后，再进行常规建模。然而，工业大数据预处
理所需的过程知识往往难以准确获得；另外，现有数据预处理方法多为
批处理算法，该类算法的计算量会随数据规模的扩大而增加，当测量数
据累积到一定规模时，该类算法会因计算量超负荷而难以实现建模。为
了克服去噪声再建模方法的缺点，许多学者研究了鲁棒建模方法并取得
了一些初步研究成果，例如集成建模方法。

（3）多层面潜结构建模

多层面潜结构建模方法主要是利用大数据建模技术扩展用于建模的
数据类别。传统方法多为单一层面潜结构建模，如PCA算法。然而实
际的工业生产过程大都分层运行，如用户层、设备层、过程层、指标层
等。绝大部分传统数据建模方法无法描述"层与层"之间的潜结构关
系，因此无法分析出过程运行变化对产品质量的影响。另外，指标不规
则采样会导致数据采样延迟大。通常多层面高维过程数据具有动态强关
联和潜结构两种特性，将二者相结合建立动态潜结构模型，可预测指标
状态，挖掘数据的潜在运行结构信息，也可应用于控制、优化、决策及
故障诊断等方面。现有的多层面潜结构建模方法大都受限于数据特征维
数或样本规模，维数过高或样本规模过大会导致算法的计算时间过长，
甚至无法实现。多层面潜结构建模还可与计算机学科的并行、在线计算
框架及其相关算法相结合，用于多层面潜结构建模的分布式在线实现方
法的研究[35]，如内在动态PLS的实现方法[36]。

（4）多时空时间序列数据建模

工业过程运行过程中采集、存储并累积了大量高维、动态多时空时
间序列数据，该类数据建模难点在于数据的高维输入和动态特性。目
前，解决数据高维问题的主要途径为潜结构建模，其中多层面潜结构建
模方法为研究热点；描述数据动态特性的主要途径是时间序列建模，其
中最常用的方法是拟合平稳序列的模型，如滑动平均模型、自回归模型
以及自回归滑动平均模型。对于工业多时空时间序列数据，现有的建模
方法适合于定义好的变量或选定好的短时间段样本，并未对多源传感信
息和历史运行数据进行有效利用。

工业大数据中蕴含的巨大价值推动着工业界与学术界相关研究的发展。面向工业大数据，以数据驱动建模方法的研究优势为基础，结合大数据自身特点，利用计算机、互联网行业已开发的大数据管理平台，推进工业过程各级部门之间的数据共享与融合，针对工业过程控制、优化、决策、故障诊断等应用，进行基于大数据的建模方法的理论研究和应用实践具有重要而深远的意义。

1.5 集成建模方法及研究现状

风洞试验中累积的具有样本规模大、输入特征维数高等特点的大数据集是实现马赫数快速、准确预测的主要难点。针对大数据集，集成模型的优势在于，它试图通过调用一些简单的学习算法，以获得多个复杂度低的、多样的子模型，然后采用某种方法将这些子模型组合在一起。集成模型能够在降低复杂度的同时显著提高预测精度。

1.5.1 集成学习定义

给定训练数据集，传统机器学习算法通常只建立单一模型，并使用该模型预测新样本的输出值。Hansen & Salamon 开创性地提出了神经网络集成模型[37]，它建立多个神经网络子模型，然后将所有子模型的预测输出进行融合，进而显著提高模型的泛化能力。Solliell & Krogh 给出了神经网络集成模型的定义[38]：神经网络集成（Neural Network Ensembles）模型是使用有限个神经网络子模型对同一个问题进行学习，集成模型对某输入样本的预测输出，由构成集成的各神经网络子模型对该样本的预测输出共同决定。目前，该定义已被广泛接受，但是也有一些学者认为，神经网络集成模型是指多个独立建立的神经网络子模型进行学习并共同决定最终的预测输出结果[39]。

这两个定义的区别在于，后者并不要求集成模型中的神经网络子模型对同一个问题进行学习。符合后一定义的研究至少可以上溯到 Cooper 及其同事和学生在 Nestor 系统中的工作[40]。但是，目前一般认为神经网络集成学习算法的研究始于 Hansen & Salamon 的工作。

机器学习界已经认识到神经网络集成学习中蕴涵着巨大的应用潜力，许多人投入到神经网络集成学习的研究中，应用和理论成果不断涌现。另外，神经网络集成学习的思想已被扩展到用以提升其他学习机的性能，如线性回归算法、支持向量机、决策树等，产生了集成学习这样一个研究领域。

目前关于"什么是集成学习"，机器学习界还没有达成共识。

狭义地说，集成学习是指利用多个同态的子模型来对同一个问题进行学习，集成模型对某个样本的预测输出，由构成集成的各子模型对该样本的预测输出共同决定[39]。这里的"同态"是指所使用的建立子模型的学习算法属于同一种学习机，例如都为神经网络或都为支持向量机等。

广义地说，集成学习是指利用多个子模型来进行学习，集成模型对某个样本的预测输出，由构成集成的各子模型对该样本的预测输出共同决定，即只要是使用多个子模型来解决问题（并不一定是同一个问题），就是集成学习[39]。

在集成学习的早期研究中，狭义定义采用得比较多，但是随着该领域的发展，越来越多的学者倾向于接受广义定义。广义定义的优势在于，它可以将以往存在的很多名称上不同，但本质上很接近的分支，如基于委员会的学习（Committee-based Learning）、信息融合（Information Fusion）、多分类器系统（Multi-classifier System）等，统一归属到集成学习领域进行研究。这些分支领域之间存在着很多共性，把它们统一起来，不再强调各自之间的差异，反而会对新的算法设计、深入的理论分析、广泛的应用等带来诸多好处[39]。

集成模型能够实现许多单一模型所不能实现的目标或不能获得的性能。例如，Boosting能够提高决策树的准确性[41]；随机森林（Random Forest）能够提高分类回归树的泛化性和鲁棒性[42]；随机子空间法（Random Subspace）能够降低模型复杂度，提高泛化性[43]；集成神经网络能够提高单一网络的稳定性和泛化性[37]，等等。对集成学习算法及相关理论的研究一直都是机器学习领域中的热点问题之一[44]。目前集成学习已经被成功应用于解决基因数据分析[45]、光谱数据分类[46]、声音探测[47]、图像恢复[48]、无线电传感器网络中的目标定位[49]、钢水终点温度预测[50-51]等众多实际问题。

1.5.2 集成学习研究现状

集成学习的思想最初是在分类（Classification）问题中提出的，然后扩展到回归（Regression）问题，因此下面介绍的集成学习研究现状既包括用于解决分类问题的集成学习算法，也包括用于解决回归问题的集成学习算法。

Kearns & Valiant[52]首先提出了弱学习机与强学习机是否等价的问题，即是否可以将弱学习机"提升"为强学习机。如果二者等价，那么只需找一个弱学习机，将其提升为强学习机，而不必直接去寻找在通常情况下很难获得的强学习机。Schapire[41]对该问题做出了肯定回答，并使用一个构造性的方法，证明了多个弱学习机可以通过某种方式被提升为一个强学习机。这个构造性的方法实际上就是 Boosting 算法的雏形，该方法奠定了集成学习的理论基础。Freund[53]提出了更为有效的"boosting-by-majority"算法。但这两个集成算法都存在一个重大缺陷，即必须事先知道弱学习机正确率的下限，这在实际应用中是很难实现的。

Freund & Schapire 提出了 AdaBoost（Adaptive Boosting[54]）算法，该算法的效率和"boosting-by-majority"算法的效率相当，但 AdaBoost 不需要事先知道弱学习机正确率的下限，具有较强的适用性，可以非常容易地应用于实际问题。另外，为了解决回归问题和多分类问题，Freund & Schapire 还提出了 AdaBoost 的扩展形式 AdaBoost.R、AdaBoost.M1 和 AdaBoost.M2。

Breiman 提出了 Bagging（Bootstrap Aggregating[55]）算法，其思想是通过对训练样本进行 Bootstrap[56]抽样，为每个子模型都构造出一个具有同样大小但包含不同样本的训练子集，从而训练出不同的子模型。对于分类问题，所有子模型的预测输出将采取简单多数投票的方式，确定样本的所属类；对于回归问题，所有子模型的预测输出将采取简单平均的方式，确定样本的预测输出值。

Ho[57]基于 Bootstrap 的思想，提出了随机子空间法。Ho 首次通过随机选择的方式构造多个子空间。在这些随机的特征子空间上建立决策树（Decision Trees[58-59]）子分类器，融合子分类器获得集成模型。此后，Ho[43]又对随机子空间法的工作机制进行了深入研究，证明了在保持预测准确性的基础上，随机子空间模型的泛化性能够随子分类器个数的增加而近似单调提高。

迄今为止，Boosting、Bagging 以及随机子空间法已成为集成学习算法中研究得最深入的几个算法族，而且其影响已经扩展到了生物[45]、物理[46-47]、工业应用[50-51]等许多领域。另外，Boosting、Bagging、随机森林以及随机子空间法已经被收入到 Matlab 标准工具箱中。集成学习的早期研究主要集中在其应用上[60]，机器学习界已经认识到构建一个有效的集成模型并非易事，因此很多学者开始致力于探索集成学习的理论研究和算法设计[61-63]。

1.5.3　集成模型分类

（1）同态与异态集成模型

集成模型中，用于建立子模型的学习算法又称为基学习机。常见的基学习机有决策树、神经网络、支持向量机等。根据采用的基学习机的种类多少，集成学习算法可分为同态（Homogeneous）集成和异态（Heterogeneous）集成两大类[64]。同态集成学习是指集成模型中所有子模型都使用同一种基学习机，只是这些子模型之间的结构或参数有所不同，目前大多数集成学习算法的研究都集中在同态集成学习。基于获得多样子模型的不同技术，同态集成学习算法主要分为以下三种：训练子集法、注入随机（Injecting Randomness）法和操纵输出目标法。

① 训练子集法。训练子集法采用某种方式对训练集进行处理，从而产生多个不同的训练子集，然后使用某种学习算法在每个训练子集上构建一个子模型。训练集的处理方式主要包括对样本的划分、对输入特征的选择以及为样本分配权值。以样本为单位，对训练集中的样本进行划分，产生不同的样本子集（Sample Subsets），代表性的集成学习算法有 Bagging、聚类算法（Clustering[65-66]）。以输入特征为单位，对训练集

中的输入特征进行选择，产生不同的特征子集（Feature Subsets），代表性的集成学习算法有随机子空间法和遗传集成特征选择法（Genetic Ensemble Feature Selection[67]）。为样本分配权值，通过调整训练集中样本的权值，产生不同的重赋权值子集（Re-weight Subsets），代表性的集成学习算法有 Boosting。

②注入随机法。注入随机法是指，在子模型中加入"随机扰动"，如不同的拓扑结构、不同的权重和不同的模型参数等，进而生成差异的子模型。神经网络和决策树极易加入随机性[60]。Hansen & Salamon 提出的神经网络集成[37]，在训练集上直接建立神经网络子模型，但在训练神经网络的后向传播算法中，随机设置初始权重，进而通过使用不同的初始权重来产生多样的神经网络子模型。他们还证明了如果这种模式与随机抽取的样本子集相结合，神经网络集成模型的效果可能会更好。Zhao & Zhang[68]通过改变隐含层神经元个数来建立具有不同结构的神经网络子模型。通过加入随机性来构造集成神经网络的方法可参见文献[69-70]。构造决策树集成分类器的方法可参见文献[71]。另外，Breiman[72]提出的堆叠回归法（Stacked Regressions）中，分别使用了不同深度的回归树（Regression Tree[73]）以及具有不同输入变量的多元线性回归算法（Multiple Linear Regression[74]），建立了回归集成模型。

③操纵输出目标法。操纵输出目标集成方法的典型代表为 ECOC（Error Correcting Output Codes[75]）方法，由 Dietterich & Bakiri 提出，它将一个多分类问题简化为一系列二分类问题，然后再进行解决。针对一系列难以解决的多分类问题，该方法可以提高 BP 神经网络（Back Propagation Neural Network[76]）和决策树算法的性能。Schapire[77]已经通过实验证明了 AdaBoost 与 ECOC 方法相结合可以产生具有更好分类效果的集成分类算法，即 AdaBoost.OC 算法。操纵输出目标这类集成技术多被应用于解决分类问题[78]，也有少数被应用于解决回归问题[79]。

异态集成学习是指，子模型使用各种不同的基学习机，其主要代表有堆叠法（Stacked Generalization，Stacking[80]）和元学习法（Meta Learning[81]）。因为不同的基学习机（学习算法）的学习机理不同，很难用统一的标准来衡量它们的准确度，而且采用不同的基学习机，集成模型的复杂度会增加[82]，因此本书致力于研究同态集成学习算法。

（2）串行与并行集成模型

根据子模型的运行结构，集成学习算法还可分为串行（Serial）集成和并行（Parallel）集成两大类。串行集成方法中，各训练子集的构造不是独立的，新训练子集的构造与前一个子模型的学习结果有关，或者说，新子模型的建立依赖于前一个子模型，所有子模型依次建立之后，融合所有子模型获得集成模型。例如，Boosting算法通过更新样本的分配权重来产生新的训练子集，建立子模型。在没有先验知识的情况下，初始的权重分配为等权重分配，然后产生第一个训练子集并建立第一个子模型；判断前一个子模型的误差，提高误差大的样本的分配权重，误差大的样本在下一个训练子集中所占权重增大，使得下一个子模型能够集中力量对这些误差大的样本进行判断。图1-1给出了串行集成模型示意图。除Boosting之外，遗传集成特征选择法也是典型的串行集成方法。

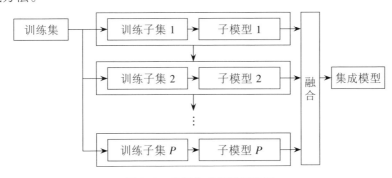

图1-1　串行集成模型示意图

串行集成模型的目标是同时降低模型输出的偏差和方差，往往比单一模型复杂得多。串行集成模型虽然可以显著提高模型准确度，但训练时间较长，特别是在大样本多特征的情况下，导致其在实际应用中受到了一定的限制[83]，因此有许多学者针对Boosting算法的加速问题进行了研究。Viola等[84]首先提出基于Cascade方法的Boosting人脸检测技术，该方法通过采用积分图实现了Harr-like特征的快速计算，并且每一个特征都可以快速学习为一个子分类器，这一技术从基分类器快速训练的角度实现了Boosting的快速训练。郭志波[85]采用Walsh特征取代Hart-like

特征，特征数目大幅度缩减，从而进一步实现了Boosting人脸检测训练的加速。但是，Viola等人的方法只是Boosting针对人脸检测这一实际应用问题的专门的加速优化方法。

并行集成方法中，各训练子集的构建和各子模型的训练，都是相互独立的。图1-2给出了并行集成模型示意图。Breiman在提出Bagging时指出[55]，Bagging具有并行运行的理想结构，每个样本子集及相应子模型的建立可以使用单独的CPU，建立过程不需要与其他CPU发生关联。除Bagging之外，常见的并行集成方法还有随机森林、随机子空间法以及注入随机法等。对于训练时间复杂度很高的学习算法，并行集成方法可以通过并行训练节省大量的时间开销。

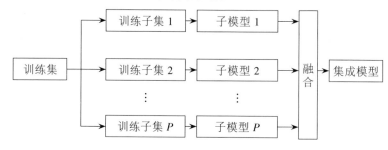

图1-2 并行集成模型示意图

本书以实际应用问题为出发点，针对风洞试验数据的大数据特性，研究了集成学习算法，以解决大数据建模难的问题，并对几种常用集成学习算法的工作机制进行深入学习和分析，力图设计出新的、高效且实用的集成建模方法。然后，利用从风洞试验中采集到的大数据集，对新算法的性能进行多方面的考查。这些探讨不仅在集成学习研究领域中具有一定的理论意义，而且在实际应用中也具有较强的参考价值。

1.5.4 本书主要工作

实现风洞马赫数精确控制的主要难点在于，如何建立预测速度快、精度高的马赫数模型。由于风洞系统三维环流过于复杂，难以建立机理模型，本书针对基于大数据的风洞马赫数集成建模方法进行了研究，主要工作归纳如下：

第2章，FL-26风洞流场模型结构。本章建立风洞流场模型结构。

首先，以FL-26大口径跨声速风洞为研究对象，分析风洞系统气动结构、空气环流及试验工况特点，为数据建模提供先验知识。其次，确定马赫数数据模型结构，建立基于数据的总压、静压NARX辨识模型。最后，分析实现基于数据的马赫数预测模型的主要难点，确定采用集成建模方法的解决方案。

第3章，风洞马赫数集成建模方法。本章研究风洞马赫数集成建模方法。构造多个独立的样本子集或特征子集是集成学习方法解决大数据建模难的问题的有效途径。样本子集集成方法中，在降低模型复杂度方面，随机森林最具代表性。首先，实验分析随机森林马赫数模型在两种工况下和在三种工况下的预测效果。其次，基于多元模糊泰勒定理，提出了特征子集集成（FSE）方法。该方法能够直接、快速划分特征空间，构建独立的低维特征子集；在降低维数的同时，间接"缩小"样本规模、"均衡"数据分布；有利于提升总压、静压模型的预测速度，改善马赫数的跟踪预报能力，提高马赫数的预测精度。FSE方法还能够有效解决大数据规模大、种类多和要求处理速度快的问题。

第4章，面向大数据集的基学习机研究。本章面向大数据集，研究FSE模型中的基学习机（即子模型学习算法）。子模型的建立是集成模型的重要环节。适合的基学习机还能够帮助FSE方法解决大数据值密度低的问题。本书分别以BP网络和fixed-size LS-SVM为代表，研究FSE方法对不稳定学习机和稳定学习机的有效性问题。实验分析FSE-BPs和FSE fixed-size LS-SVMs马赫数模型的预测效果，即在预测速度及精度上是否优于单一模型，是否满足工程上马赫数预测速度及精度的要求。基于FSE结构，比较：同属于不稳定学习机，非线性强学习机BP网络比线性弱学习机回归树的预测性能优劣；同属于非线性强学习机，BP网络与fixed-size LS-SVMs的预测性能优劣。

第5章，FSE模型修剪及鲁棒性提升。本章研究FSE模型的集成修剪算法。过多冗余的子模型会限制FSE模型的应用潜能，因此有必要在保证预测精度的条件下，减少子模型个数。针对该问题，本书提出了基于最大熵的集成修剪（MEP）算法，该算法属于排序修剪法。首先，按误差从小到大排列子模型，以误差最小的 P^* 个子模型作为初始工作集；

其次，以修剪后的工作集熵值最大为准则，不断替换工作集中的子集模型。MEP算法可以充分利用子模型的预测精度和多样性。MEP-FSE方法能够有效解决大数据种类多、价值密度低两方面的问题。实验结果表明MEP-FSE马赫数模型的预测效果满足工程指标。

另外，本章还研究了FSE方法对噪声数据的鲁棒性。在FSE方法中，特征子集的构建过程存在受噪声数据不利影响的隐患，而本书所使用的数据全部来自风洞试验现场，不可避免地引入了噪声。首先，为增强FSE模型的鲁棒性，在特征子集中引入独立同分布数据的Bootstrap采样思想，提出Bootstrap-FSE方法。该方法能够有效解决大数据真实性低的问题，并在一定程度上解决了大数据要求处理速度快的问题。其次，建立Bootstrap-FSE马赫数预测模型，分别在低噪声和高噪声数据集下进行对比，验证Bootstrap-FSE方法对噪声数据具有更好的鲁棒性。

2 FL-26风洞流场模型结构

马赫数作为风洞试验的一个重要性能指标，它的稳定性直接关系到风洞的流场品质。本章以我国研制大飞机唯一可依赖的跨声速空气动力试验平台（FL-26风洞）为对象，通过分析其试验工况、环流特点及建模难点，提出一种基于数据驱动建模的风洞流场模型结构。

2.1 FL-26大口径跨声速风洞

FL-26风洞是我国自行研制设计的、亚洲口径最大的、2.4m暂冲式、跨声速、增压风洞。

2.1.1 FL-26风洞结构及空气环流

（1）FL-26风洞结构

FL-26风洞全长199.56m，横截面为66.5m×33m，试验段尺寸为2.4m×2.4m，整个回路由驻室抽气系统、阀门系统、拐角段、收缩段、稳定段、喷管段、试验段、驻室、补偿段、栅指段、扩散段、消声段、混合段、主排气段等组成。该风洞具有高逼真几何模拟及高雷诺数试验能力，可承担飞机、导弹以及各类飞行器模型的测压、测力、进气道、半模及特种试验等[5]。FL-26风洞结构如图2-1所示。

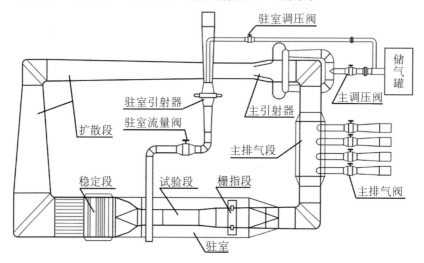

图2-1　FL-26风洞结构图

①气源。气源是风洞的供气装置。FL-26风洞为暂冲式风洞，其气源为储存高压气体的大型气罐，气源压力范围为0~2.2MPa。在整个试验的过程中，气源压力不断降低，对稳定段总压、驻室静压以及试验段马赫数都会产生很大影响。

②阀门系统。FL-26风洞中共有13套阀门系统，主要有主调压阀、驻室流量阀、驻室引射器调压阀和主排气阀。其中，主调压阀用于调节引射器压力，控制前室总压；驻室流量阀主要用于控制驻室的抽气量，确保$Ma > 0.9$时试验段流场的建立；驻室引射器调压阀用于调节引射器压力，在$Ma > 0.9$并采用驻室抽气控制马赫数时投入使用；通过调节主排气阀开度大小，保持稳定段总压恒定。阀门系统决定了试验过程中整个风洞系统各环节空气的压强和流速。

③引射器。引射器依靠高压流体流经喷嘴后所形成的高速气流引射另一种低压流体，并在装置中进行能量交换与物质掺混，达到输送的目的。FL-26风洞的主引射器为多喷嘴引射器，共有24个喷管，分两层分布在圆周上，每层均有12个。引射器主要有两个作用：一是提供气流，

驱动风洞；二是喷嘴的高速气流产生低压区，吸入试验后的废气并重新使用，达到节能的目的。

④稳定段。稳定段为大截面低流速管道，是风洞洞体直径最大的一段。FL-26风洞的稳定段两端为锥形，并具有双层结构，主要由整流网和蜂窝器组成。稳定段用以对气流进行整流，降低紊流度并均匀加速，然后送入收缩段。

⑤收缩段。收缩段是一段圆滑过渡的收缩管道，气流进、出口面积之比为收缩比。其作用是加速气流，同时使小漩涡气流在互相摩擦和挤压中消耗掉，降低湍流度，均匀方向场和气流流场。

⑥喷管段。喷管段位于驻室内，用于均匀加速气流，并将形成的均匀流场送入试验段。

⑦试验段。试验段是进行飞行器模型试验的主要场所。FL-26风洞的试验段有半模型试验段和全模型试验段两种，两种试验段可交替使用。半模型试验段主要用于喷流模型、二元翼型试验、飞机半模型等其他特种试验；全模型试验段位于驻室内，是风洞中一个大型、复杂且技术要求高的关键部分，其前半部分为飞行器模型试验区，后半部分为飞行器模型支撑区。

⑧驻室。FL-26风洞采用的是圆筒形驻室。驻室壳体前端与三元收缩段的承压壳体焊接，后端与第一扩散段的承压壳体焊接。驻室的主要作用是将试验段的部分气体抽走，建立跨声速流场。

⑨栅指段。FL-26风洞栅指段主要由壳体、栅指、栅指小车及其驱动系统组成。栅指段两侧壁分别开有一组翼型孔，由翼型孔分别伸出一组栅指，借助栅指的伸缩，控制该段气流流通面积，达到控制试验段马赫数的目的。

（2）FL-26空气环流

空气环流过程：①风洞试验之前，通过压气机将压缩气体储存在储气罐中。在开始试验时，瞬间打开通向风洞进气管道上的阀门，压缩气体进入风洞内，提供建立风洞运行的压力比。②风洞试验过程中，储气罐中的高压气体经过主调压阀，进入主引射器，并经过大角度扩压器加快洞体内气流速度。被加速的气流经扩散段，依次通过第三拐角和第四拐角，进入稳定段。③经过主调压阀、洞体拐角和大角度扩压器后的气流很不均匀，充满很多大、小漩涡，引发气流脉动。稳定段入口处装有孔板和蜂窝器，用以将气流中的大漩涡切割成小漩涡，从而改善气流品质。蜂窝器下游还装有多层阻尼网，进一步将气流中的小漩涡打散，使气流更为均匀且方向一致，改善气流的均匀性，降低气流的湍流度。经过稳定段的气流被送入收缩段，收缩段可以进一步加快气流流速，并使气流流场和方向场更加均匀。④稳定而均匀的气流通过喷管段进入试验段，流经飞行器模型，排出试验段。⑤从试验段流出的气体一部分经主排气阀排出主洞体；另一部分通过驻室流量阀进入驻室，并被驻室引射器引射而循环，形成环流。

2.1.2　FL-26风洞试验工况

风洞试验时，需要保持洞中空气流场参数（如马赫数、压力、温度等）的稳定，以便测量飞行器在不同攻角时的各种空气动力学参数。

（1）试验过程

FL-26风洞的耗气量很大，导致每次试验仅能维持大约80s。试验过程可以分为如下几个阶段：

启动充压阶段：风洞系统启动时，为了迅速建立风洞流场，主排气阀全关，主调压阀开到预设值，使气源的高压空气迅速充满整个风洞。气源吹气的费用很高，而气源储气量有限，这一做法是为了节约成本。

环流形成阶段：充压完成以后，压力达到要求值，由于高压气体的不断加入，为了保证空气流动，主排气阀开始动作，形成环流。要保证进气量和排气量相同，还需不断调整主调压阀位移。

测试阶段：环流形成且流场压力和马赫数达到要求后，开始调节攻角大小。随着攻角的变化，飞行器模型的阻塞度发生改变，栅指开始动作，确保马赫数稳定在要求值上。

（2）试验工况

不同的试验对总压、攻角、马赫数的要求不尽相同，因此风洞系统在多种工况下运行。风洞试验工况主要有5种类型，见表2-1。其中典型试验工况选定为定主引压力、定总压、定马赫数、阶梯变迎角、栅指调节的试验工况。典型工况的运行参数范围为 $Ma < 0.9$，$P_o < 140KPa$，设定值见表2-2。

表2-1 风洞主要试验工况

序号	总压	攻角	马赫数
1	定	定	定
2	定	定	步进
3	定	定	连续变化
4	定	步进	定
5	定	连续变化	定

表2-2 典型工况的设定值

序号	马赫数	总压（KPa）	静压（KPa）	主引压（KPa）
1	0.822	130	83.4209	900
2	0.741	130	90.2744	900
3	0.675	130	95.8038	900
4	0.578	110	87.7159	540

2.1.3 FL-26风洞建模难点

通常，提高控制精度的前提是对被控对象全面而深刻的了解，尤其是对于精度要求高的控制系统，被控对象的建模显得尤为重要[23]。然而，以下特点导致风洞系统难以建立机理模型[4, 23]：

（1）影响因素多

风洞系统是一个复杂的多输入、多输出系统。输入变量有主调压阀位移、主排气阀位移、栅指位移、气源压力、驻室流量阀位移、迎角角度等；输出变量有稳定段总压、驻室静压和试验段马赫数。准确地描述输入、输出变量之间的非线性关系难度很大。

（2）非线性强

洞内流场运行复杂，各子系统动作对风洞系统的调节作用相互影响，模型输入、输出变量之间并不是简单的线性关系，而是复杂的非线性关系。因此，所要建立的模型应具有很强的非线性描述能力。

（3）工况多

按照对马赫数和总压的不同要求，风洞试验分为多种工况，其中定马赫数、定总压的工况有：$Ma = 0.54$、$P_o = 110KPa$，$Ma = 0.6$、$P_o = 110KPa$，$Ma = 0.7$、$P_o = 110KPa$，$Ma = 0.85$、$P_o = 130KPa$，$Ma = 1.1$、$P_o = 130KPa$，$Ma = 1.3$、$P_o = 130KPa$等。另外，每种工况都呈现出不同的阶段性特点，主要包括启动充压阶段、稳压阶段和稳马赫数阶段，且各阶段的运行特点也不尽相同。

（4）时变

主要体现在，气源储气量一定，随着试验进程的推进，气源里的空气不断地被消耗，导致气源压力随时间逐渐下降，这对试验段马赫数的稳定性造成很大影响。

（5）扰动频繁

洞内气体流动为复杂的三维流动，含有非定常干扰。另外，试验要求马赫数步进或连续变化，马赫数设定值的阶跃变化、攻角的步进或连续变化等，都会产生可预知扰动。

（6）耦合严重

试验段马赫数和稳定段总压之间存在着比较严重的耦合现象。在使用栅指对马赫数进行控制的过程中，总压也在不断变化；同样，进行总压控制的过程中，马赫数也受到一定的影响。减少，甚至消除二者之间的耦合现象，是提高风洞流场品质的关键因素之一。

FL-26风洞欲采用预测控制方法，利用滚动优化代替全局优化，进而实现多变量控制，能够有效地处理约束问题[86]。现有的机理模型都是将空气复杂的三维流动简化为一维流动[19]。当要求进一步提高马赫数的控制精度时，该模型无法满足控制器的要求。建立基于数据的风洞马赫数模型已成为提高其控制精度的必然要求。

2.2 FL-26风洞马赫数数据模型结构

2.2.1 马赫数及其影响因素

表征流场的主要参数为马赫数，流场中某点处的气体流速 V 与当地声速 a 之比称为该点处气流的马赫数，用 Ma 表示[87]：

$$Ma = \frac{V}{a} \tag{2-1}$$

马赫数是一个无量纲数，表示气体宏观运动的动能与气体内部分子无规则运动的能量之比的度量。马赫数是研究高速气流的重要参数，是划分高速气流类型的标准。

然而，在风洞系统的运行过程中试验段马赫数不能直接测得。在FL-26风洞中，根据亚音速一维等熵流理论，稳定段总压 P_o（KPa）和驻室静压 P_s（KPa）之比取决于试验段马赫数 Ma [4, 23]。

$$\frac{P_o}{P_s} = \left(1 + \frac{K-1}{2}Ma^2\right)^{\frac{K}{K-1}} \tag{2-2}$$

在工程应用中，试验段马赫数 Ma 由稳定段总压 P_o 和驻室静压 P_s 通过式（2-3）间接得到[4, 23]：

$$Ma = \sqrt{\frac{2}{K-1}\left[\left(\frac{P_o}{P_s}\right)^{\frac{K-1}{K}} - 1\right]} \tag{2-3}$$

式中，K 为比热比。由于风洞流场中的气体为空气，故 $K = 1.4$。式（2-3）可表示为[4, 23]：

$$Ma = \sqrt{5\left[\left(\frac{P_o}{P_s}\right)^{\frac{2}{7}} - 1\right]} \tag{2-4}$$

2.2.2 马赫数数据模型结构

虽然风洞试验段马赫数不能通过直接使用仪器仪表检测得到，但是它与稳定段总压 P_o（KPa）、驻室静压 P_s（KPa）之间的机理关系已经明确，即式（2-4），而且总压和静压可以通过高精度（0.05%）压力传感器检测获得。为了在降低马赫数建模难度的同时提高预测精度，本书使用间接测量法，首先建立基于数据的总压、静压模型，然后利用式（2-4）获得马赫数。风洞试验段马赫数数据模型示意图如图 2-2 所示。

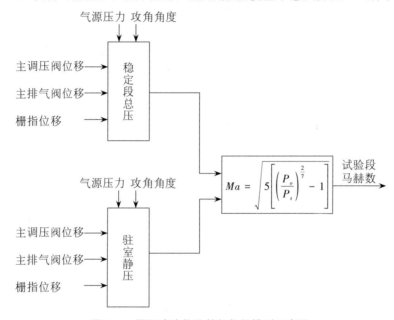

图2-2　风洞试验段马赫数数据模型示意图

（1）稳定段总压的影响因素

FL-26 风洞中总压的控制是通过主调压阀的位移（开度）及主排气阀的位移来实现的。主调压阀及主排气阀位移的变化直接影响着总压的稳定性。气源压力在整个试验过程中逐渐减小，导致吹入风洞的气体流速不断降低，气体流速的降低直接引起总压的变化。攻角即试验模型纵轴与来流之间的夹角。攻角角度的变化和栅指位移的变化都将引起风洞流场变化，对总压产生一定影响。驻室流量阀控制试验段流场，间接影响着总压。综上，影响总压的主要因素有主调压阀位移、主排气阀位移、栅指位移、气源压力、攻角角度。

（2）驻室静压的影响因素

FL-26 风洞中静压的控制是通过栅指的位移来实现的。栅指位移的变化直接影响着静压的大小。主调压阀和主排气阀调节总压时将引起风洞流场的变化，对静压产生一定的影响。同样，气源压力的变化和攻角角度的变化也会对风洞流场造成影响，间接影响到静压。当要求试验段马赫数大于0.95时，为确保静压稳定在要求值，驻室流量阀开始参与调节试验段流场。本书考虑马赫数均小于0.95，驻室流量阀位移可以不予考虑。综上，影响静压的主要因素有主调压阀位移、主排气阀位移、栅指位移、气源压力、攻角角度。静压的主要影响因素与总压的相同，但各因素对总压、静压的影响程度不同。

本书针对定马赫数、定总压的情况建立模型，其典型工况的运行参数范围为$Ma<0.9$，$P_o<140KPa$。在典型工况下，阻塞度给定值约为1%，在试验过程中阻塞度发生变化，但变化幅度不大，对总压、静压的影响很小，另外，阻塞度对总压、静压的影响也会因栅指的变化而被抵消一部分，因此阻塞度可以不予考虑。

2.2.3　总压与静压NARX辨识模型

NARX辨识方法是由Billings等[25]提出来的，并基于Nerode的有限实现理论及泰勒定理对该模型描述的一般非线性系统的普适性给予了证明。该模型能够借助系统输入、输出数据，确定过程的动态品质或系统的结构及参数，具有逼近精度高、结构简单、收敛速度快等优点，对于先进控制方法具有很好的适应性。因此，本书选用NARX模型作为风洞系统马赫数的辨识结构。

NARX辨识模型是一个与微分方程所代表的连续系统等价的离散形式的系统表达式，是一个离散的非线性差分方程[25]：

$$\hat{y}_t = \psi\left(y_{t-1}, \cdots, y_{t-n_v}, u_{t-1}, \cdots, u_{t-n_u}\right) \tag{2-5}$$

式中，ψ表示非线性函数；$y_{t-1}, \cdots, y_{t-n_v}$和$u_{t-1}, \cdots, u_{t-n_u}$分别表示系统的测量输出、输入序列；$\hat{y}$表示预测输出；$t$表示离散时间；$n_u$，$n_v$分别表示过去时刻输入、输出变量个数（i.e. 阶次）。NARX辨识模型结构如图2-3所示。

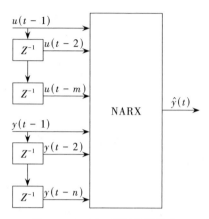

图2-3 NARX辨识模型结构

总压、静压NARX辨识模型形式如下:

$$\hat{P}_o(t) = \psi_o \begin{pmatrix} P_o(t-1), & \cdots, & P_o(t-n_o) \\ S_{mc}(t-1), & \cdots, & S_{mc}(t-n_{mc}) \\ S_{me}(t-1), & \cdots, & S_{me}(t-n_{me}) \\ S_{fin}(t-1), & \cdots, & S_{fin}(t-n_{fin}) \\ P_{sta}(t-1), & \cdots, & P_{sta}(t-n_{sta}) \\ A_{att}(t-1), & \cdots, & A_{att}(t-n_{att}) \end{pmatrix} \tag{2-6}$$

$$\hat{P}_s(t) = \psi_s \begin{pmatrix} P_s(t-1), & \cdots, & P_s(t-n_s) \\ S_{mc}(t-1), & \cdots, & S_{mc}(t-n_{mc}) \\ S_{me}(t-1), & \cdots, & S_{me}(t-n_{me}) \\ S_{fin}(t-1), & \cdots, & S_{fin}(t-n_{fin}) \\ P_{sta}(t-1), & \cdots, & P_{sta}(t-n_{sta}) \\ A_{att}(t-1), & \cdots, & A_{att}(t-n_{att}) \end{pmatrix} \tag{2-7}$$

式中,ψ_o,ψ_s分别表示总压、静压NARX辨识模型的非线性函数;$\hat{P}_o(t)$,$\hat{P}_s(t)$(KPa)分别表示总压、静压的预测值;S_{mc},S_{me},S_{fin}(mm)分别表示主调压阀位移、主排气阀位移、栅指位移;P_{sta}(KPa)表示气源压力;A_{att}(°)表示攻角角度;n_o,n_s,n_{mc},n_{me},n_{fin},n_{sta},n_{att}表示变量阶次。

2.2.4 确定变量阶次

变量阶次对于 NARX 模型至关重要。理论上应该选取足够大的阶次，因为阶次的增大会使输入变量的信息量增加，能更好地描述时间序列的特性，但过大的变量阶次可能导致数据计算量成指数形式增加，而且在包含噪声的系统中额外的阶次会引起很大的误差[23]。

确定变量阶次的常用方法有关联积分法[88]、奇异值分解法[89]、伪最邻近点法[90]。

在关联积分法（Grassberger-Procaccia）中，若原动力系统存在低维吸引子，则对重构后的相空间的轨迹有关联维 D，随着维数的增加，关联维 D 达到饱和，此时的 D 为饱和关联维。关联积分法要求样本量很大，还存在着噪声影响，计算耗费时间长。

奇异值分解法（Singular Valve Decomposition）也称主成分分析法，具有一定的抗噪性，但其本质上是一个线性方法，不适合非线性系统。

伪最邻近点法（False Nearest Neighbors）的思想是[23, 90]：当空间维数较低时，由于轨道未充分展开，相互挤压折叠，使得一些本来相距很远的相点折叠在一起（称为伪最邻近点）；随着空间维数的升高，轨道逐渐展开，挤压在一起的伪最邻近点也逐渐分开。当伪最邻近点全部消失时，所对应的最小空间维数即为最佳变量阶次。此方法清晰，计算简单，因此本书采用伪最邻近点法确定总压、静压 NARX 辨识模型中的变量阶次。

（1）伪最邻近点算法

伪邻近点示意图如图 2-4 所示。对于一维空间中在同一轨道的 A、B、C 点，由于轨道未充分展开，A、B、C 三点为邻近点；当空间维数升高到二维以后，对于 B 点来说，C 仍为其邻近点，而由于维数升高远离 B、C 的 A 点就是所说的 B 的伪邻近点。对于一个时间序列而言，变量阶次的增大意味着输入变量所携带的信息量增加，确定最佳维数的意义在于使输入变量包含的信息量足够充分而又不至于信息冗余。这体现在伪最邻近点算法之中，即能够使时间序列的所有点都不具有伪邻近点的空间维数即为最佳变量阶次[23]。

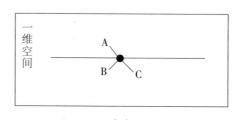

（a）

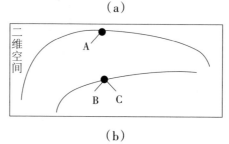

（b）

图2-4 伪邻近点示意图

（2）实验分析

采用伪最邻近点法，通过实验分析的方式确定总压、静压NARX模型各输入变量的阶次。各工况下随机选取三次试验的数据进行仿真计算。工况及试验样本个数见表2-3。实验进行之前仍需对数据进行归一化处理，使数据在0~1范围内。变量阶次取1~10。

表2-3　　　　　　　　　　　　　　**工况及试验样本个数**

飞行器	工况		实验标号	样本个数
	总压（KPa）	马赫数		
A	110	0.6	1#	10 440
			2#	11 220
			3#	10 986
	130	0.85	4#	4 091
			5#	3 836
			6#	4 504
B	110	0.54	7#	11 070
			8#	11 004
			9#	11 100

以 Ma=0.6、P_o=110KPa 工况下的 1#试验为例，对总压、静压 NARX 模型变量阶次分别进行分析，结果如图 2-5 所示，对于 1#试验，总压、静压 NARX 模型的最佳变量阶次均为 5 阶。同理，分别对 2#~9#试验进行变量阶次分析，获得的总压、静压 NARX 模型的最佳变量阶次结果见表 2-4。

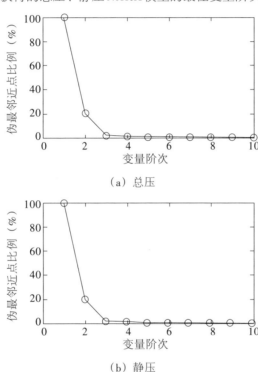

（a）总压

（b）静压

图 2-5　总压、静压 NARX 模型变量阶次分析

表 2-4 最佳变量阶次

试验标号	总压 NARX 模型	静压 NARX 模型
1#	5	5
2#	5	5
3#	5	5
4#	4	5
5#	4	5
6#	5	5
7#	4	4
8#	5	4
9#	4	4

试验结果表明，不同试验中总压、静压NARX模型的最佳变量阶次略有不同，都为4或5。由于试验过程中可能存在扰动，为了使试验结果更加接近于真实情况，采用多次试验结果的平均值来减小误差，获得总压、静压NARX模型的最佳变量阶次均为5，即确定了输出变量 P_o、P_s 及输入变量 S_{mc}、S_{me}、S_{fin}、S_{sta}、A_{att} 的阶次都为5时可得到满意的预测速度和精度。

2.3 马赫数数据建模难点

2.3.1 确定变量阶次

风洞系统结构及机理过于复杂、试验条件严苛等因素，导致在建立基于数据的风洞试验段马赫数模型时存在以下主要难点：

（1）样本规模大

试验数据的采样周期为10ms。针对不同工况，进行了大量试验，试验过程中积累了大规模的数据样本。

（2）输入特征维数高

通过对风洞系统的气动结构、空气环流以及试验特点的研究发现，影响总压、静压的主要因素比较多而且相同，分别为主调压阀位移、主排气阀位移、栅指位移、气源压力和攻角角度。当采用基于数据的NARX辨识模型来描述总压、静压的非线性动态过程时，各输入变量的最佳阶次均为5。因此，在总压、静压NARX模型中，非线性函数 ψ_o、ψ_s 的输入特征维数都为30。

（3）受噪声干扰

由于试验过程扰动频繁，采集到的数据会包含一定的噪声，噪声数据会对模型的预测精度产生负向影响。

（4）要求预测速度快

风洞试验周期很短，一次试验的运行时长为45s~90s，马赫数的控制周期在20ms左右。因此，需要快速地预测马赫数。

（5）预测精度要求高

目前马赫数的控制精度要求为±0.001之内。因此，要求马赫数预测模型的均方根误差（Root Mean Square Error，RMSE）低于0.002。

（6）数据的不均衡分布

风洞有很多试验工况，各工况下试验的参数、条件、时间各不相同，采集的试验样本个数也不尽相同。当不同工况下采集到的样本个数差异较大时，会产生数据分布的不均衡现象。目前，大多数学习算法的设计是基于训练集中数据分布大致平衡这一假设的，而这一基本假设在许多实际应用问题中并不成立。

工业大数据具有"5Vs"特性，即数据规模大、数据种类多、数据要求处理速度快、数据价值密度低以及数据真实性低[26]。从建立风洞马赫数数据模型的6个主要难点中不难发现，风洞试验数据具备工业大数据的"5Vs"特性：①风洞试验数据的大规模样本、高维数输入特征呈现了大数据规模大的特性；②风洞试验数据的多工况样本、高维数输入特征、NARX时间序列数据以及数据的不均衡分布呈现了大数据种类多的特性；③马赫数快速预测的要求呈现了大数据要求处理速度快的特性；④因过短的采样周期而产生的部分冗余样本以及对马赫数预测精度的高要求呈现了大数据价值密度低的特性；⑤风洞试验数据受噪声干扰的现象呈现了大数据真实性低的特性。

因此，我们认为风洞试验数据为大数据。大数据包含了更多的、建模所需的有益信息，为进一步提高马赫数的预测精度提供了可能性，但同时也给总压、静压NARX辨识模型中非线性函数ψ_o、ψ_s的建立带来了困难。过多的输入特征增加了建模的复杂度，尤其是针对大规模样本集时[91]。通常高度复杂的模型也会增加其在实际使用时的计算负担[92]。大数据是实现风洞马赫数快速、准确预测的主要难点。

2.3.2 解决方案

大数据的核心就是预测[27]，建立基于大数据的预测模型是实现其价值的主要途径之一[26]。基于大数据的预测通常被视为人工智能的一部分，更确切地说，被视为一种机器学习。然而，大数据不是要教机器像人一样思考，相反，它是把数学运算运用到大数据上，进而预测事情发生的可能性以及提高预测的准确性。

针对大数据集，集成模型的优势在于，它试图通过调用一些简单的学习算法，以获得多个复杂度低且多样的子模型，然后采用某种方法将这些子模型组合成一个集成模型，在降低模型复杂度的同时显著提高预测精度。

通常对于同态集成学习算法，并行集成模型的复杂度要低于单一模型和串行集成模型的复杂度，也更适合于解决大数据建模难的问题。Bagging、随机森林和随机子空间法基于 Bootstrap 采样方法构建训练子集或特征子集，该方法没有复杂的计算过程，消耗的时间非常少甚至可以忽略不计；在注入随机法中，每个子模型都使用原始训练集，不存在训练子集的构建过程，而且所建立的子模型都比较简单。

然而，现有的并行集成方法用于建立基于大数据的风洞马赫数预测模型时，大都受到了一定程度的限制。Bagging 能够减少子模型的训练样本个数，但无法降低输入特征维数，导致在处理高维数据时产生困难。随机子空间法舍弃了复杂的特征选择算法，以 Bootstrap 采样方式构建特征子集，降低了输入特征维数。然而，Ho 指出随机子空间模型中，子模型的输入维数为原始训练集输入维数的 1/2 时较为合适，对于维数较高的数据来说，输入维数降低到原来的 1/2 仍然是很高的；另外，到目前为止随机子空间法仍多用于解决分类预测问题。注入随机法可以建立复杂度较低的子模型，但是其直接使用原始训练集而无法解决样本规模大和维数高的问题。

对现有集成学习算法进行概括总结发现，集成方法降低模型复杂度主要有四种途径：一是构建多个独立的样本子集，减少子模型的训练样本个数；二是产生多个独立的特征子集，降低子模型的输入特征维数；三是采用并行的运行结构，子模型相互独立，可在不同的 CPU 上运行，提高运行速度；四是以简单学习算法为基学习机，降低子模型的复杂度。

另外，基于特征子集的集成学习算法能够在降低输入特征维数的同时，帮助训练子集，节省更多的计算机存储空间，"间接"缩小样本规模，有利于处理具有样本规模大、输入特征维数高等特点的大数据建模问题。基于特征子集的集成模型具有四个优点[93]：一是不同的输入特征有利于子模型多样性的增强，进而获得更好的泛化性能；二是特征子集有利于集成模型获得更简单的、可理解性强的子模型；三是度量低维变量可节约运行成本；四是低维输入可提高模型的计算效率。

结合风洞试验数据样本规模大、输入特征维数高等特点，本书致力于研究一种针对回归预测问题的、具有并行运行结构的、基于特征子集的集成建模方法，并称之为特征子集集成（FSE）方法。期望该方法能够在降低模型复杂度、加快预测速度的同时，提高模型的预测精度，即准确度和泛化能力。降低模型复杂度，实现风洞试验段马赫数的快速、准确预测，对于提高马赫数的控制精度、提升风洞流场品质、节省资源和能源等方面都具有重要而深远的意义。

2.4　本章小结

本章以FL-26风洞为研究对象，建立了风洞流场模型结构，研究并分析了风洞系统的气动结构、空气环流以及试验工况特点，为数据建模提供先验知识。风洞系统内部结构复杂、各子系统相互耦合严重、扰动频繁等特点，导致难以建立机理模型，取而代之，确定了马赫数数据模型结构，并采用基于数据的NARX辨识方法对风洞系统的动态特性及运行过程进行描述，分别建立了总压、静压NARX模型。随后分析出大数据是实现马赫数快速、准确预测的主要难点，并确定建立集成模型的解决方案。

3　风洞马赫数集成建模方法

针对具有样本规模大、输入特征维数高等特点的大数据集，我们以解决多个"小问题"比解决整个"大问题"更容易的思想，研究了集成学习算法，来解决基于大数据的风洞马赫数建模难的问题。

3.1　集成模型框架

在有监督学习中，每个样本都有一个可以被视为输入的变量集，这些输入变量被称为自变量或预测变量，它们对一个或多个输出变量有影响，输出变量被称为因变量或响应变量[60]。根据输出变量类型的差异，预测学习任务通常被分为回归和分类两大类[60]。分类问题中，输出变量的取值是离散的，输出值之间可以是有序的，也可以是无序的。回归问题中，输出变量的取值是连续、有序的。

3.1.1　集成模型

已知训练集 $L_{Train\_C} = \left\{ X_i,\ Y_i \right\}_{i=1}^{N}$, $X = \left\{ x_1,\ x_2,\ \cdots,\ x_n \right\} \in \mathbb{R}^n$, $Y =$

$\{C_1, \ C_1, \ \cdots, \ C_K\}$，其中，$Y$为离散变量，$N$表示训练样本个数，$n$表示输入特征维数。令$sign\big(f_i(X)\big)$，$i = 1, \ 2, \ \cdots, \ P$表示子分类器（子模型），由$sign\big(f_1(X)\big), \ \cdots, \ sign\big(f_P(X)\big)$组成的分类集成模型$f_{E\_C}(X)$可表示为：

$$f_{E\_C}(X) = \arg\max_j \sum_{i=1}^{P} sign\big(f_i(X)\big) \qquad (3-1)$$

通常采用投票法融合所有子分类器的输出，获得分类集成模型的输出。投票法的基本思想是根据子分类器的分类结果，采用某种投票准则进行表决，根据不同的投票准则，投票法有一致表决、少数服从多数、一票否决等[94]。

已知训练集$L_{Train} = \big\{X_i, \ Y_i\big\}_{i=1}^{N}$，$X = \{x_1, \ x_2, \ \cdots, \ x_n\} \in \mathbb{R}^n$，$Y \in \mathbb{R}$，其中，$Y$为连续变量，从$L_{Train}$中产生的$P$个训练子集为：$L_i = \big\{\big(X_k^h, \ Y_k\big)\big\}_{k=1}^{N_i^s}$，$X_k^h \in \mathbb{R}^h$，$X_k^h \subseteq X_k$，$h \leqslant n$，$N_i^s \leqslant N$，$i = 1, \ \cdots, \ P$，其中，$N_i^s$和$h$分别表示训练子集的样本个数和输入特征维数。令$f_i(X)$，$i = 1, \ \cdots, \ P$表示建立在训练子集$L_i$上的子模型，由$f_1(X), \ \cdots, \ f_P(X)$组成的回归集成模型$f_E(X)$可表示为：

$$f_E(X) = \sum_{i=1}^{P} \beta_i f_i(X) \qquad (3-2)$$

式中，β_i，$i = 1, \ \cdots, \ P$表示子模型的权值。通常采用简单平均法或加权平均法融合所有子模型的输出，获得回归集成模型的输出。

本书致力于回归集成方法的研究。

3.1.2　集成框架

集成模型框架如图3-1所示。集成模型的建立一般分为三个步骤，即训练子集的构造、子模型的建立和子模型输出的融合。目前已有许多好的集成建模方法，这些方法的主要区别在于如何构造多个不同的训练子集，如何建立多样的子模型或如何融合子模型的输出。

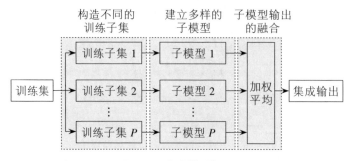

图3-1 集成模型框架

第一步，构造训练子集。按照训练集处理方式的不同，训练子集可细分为样本子集、特征子集以及重赋权值子集。

样本子集中，输入特征的维数与训练集的相同，但样本的个数少于训练集的，因此样本子集具有缩小样本规模的优点。最具代表性的基于样本子集的集成方法有Bagging[55]和聚类算法[65-66]。Bagging基于独立同分布数据的Bootstrap采样方法，有放回地、随机地重新选择样本，构造样本子集。聚类算法以样本之间的距离为相似性准则，将训练集划分为若干聚类（样本子集），各聚类满足彼此之间最小的重叠，以避免聚类的重复，也就是说，同一聚类中的样本应尽可能地靠近，而不同聚类中心之间的距离应尽可能远[65]。

特征子集中，样本的个数与训练集的相同，但输入特征的维数低于训练集的，因此特征子集具有降维的优点。最具代表性的基于特征子集的集成方法有随机子空间法[57]和遗传集成特征选择法[67]。随机子空间法同样基于Bootstrap采样的思想，不同于Bagging，它对输入特征进行Bootstrap抽样，建立特征子集。遗传集成特征选择法通过遗传算子的交叉、变异产生下一代特征子集。

重赋权值子集中，样本的个数和输入特征的维数都与训练集的相同，但分配给样本的权值有所改变。最具代表性的基于重赋权值的集成方法为Boosting。

当然也有许多著名的集成方法并不构造训练子集，而是在训练集上直接建立多样的子模型，如神经网络集成[37]、堆叠法[80]、堆叠回归法[72]。

第二步，建立子模型。子模型的预测精度（Precision）和多样性（Diversity）是集成模型是否有效的两个必要条件[61]，而用于建立子模型的学习算法是能否产生预测精度高、差异大的子模型的关键因素。子模型学习算法又称为基学习机，不同的基学习机适合于不同的集成模型结构，例如 Bagging 对不稳定学习机更有效一些[55]，Boosting 对弱学习机的集成效果更突出一些[41]。常见的基学习机可以归类如下[41, 55]：多元线性回归算法、分类回归树和决策树是不稳定的弱学习机；神经网络是不稳定的强学习机；K-最近邻算法是稳定的弱学习机；SVM 是稳定的强学习机。

在设计集成模型时，需要根据集成结构，结合数据特点，如样本规模大小、输入特征维数高低以及是否受噪声干扰等，选取适合的基学习机建立子模型。

第三步，融合子模型输出。这里我们只考虑回归集成模型的融合算法。加权融合算法可分为[95]常数权值（Constant Weights）融合方法和非常数权值（Non-constant Weights）融合方法两大类。常数权值融合方法中，子模型权值为常数值，不随预测样本的改变而改变，如基本集成法（Basic Ensemble Method）又称简单平均法、线性回归法、通用集成法（Generalized Ensemble Method），这些术语由 Perrone & Cooper[96] 定义。非常数权值融合方法中，子模型权值是以样本为自变量的权值函数，如堆叠方法中的"$level\text{-}1$"模型和聚类算法中的隶属度函数（Membership Function）[65]。

3.2　基于样本子集的风洞流场集成模型

构造多个独立的样本子集是集成模型降低复杂度的有效途径之一。因此，结合风洞试验大数据的特点，本节研究基于样本子集的集成方法。

3.2.1　现有样本子集集成方法的选择

目前，发展比较成熟的样本子集集成方法主要有 Bagging 和聚类算法。聚类算法中，聚类中心的确定以及样本距离的度量，其累积计算量很可观，不适合于大数据集[65]。Bagging基于Bootstrap采样的思想，能够简单、直接、快速地构造样本子集，并且具有并行的运行结构，适合于大数据集建模。

Breiman又在Bagging[97]的基础上引入随机特征选择的思想，提出了随机森林[42]算法，其性能优于Bagging。根据大数定律，随机森林不存在过拟合现象，打破了在预测精度上线性学习算法不能和弧形学习算法相媲美的观念，其有效性在很多实际应用中都得到了证实[45-46]。

随机森林主要从三方面降低模型复杂度：一是构造多个独立的样本子集，减少子模型的训练样本个数；二是具有并行的集成结构，子模型相互独立，可以实现多CPU的并行计算，提高运行速度；三是采用学习算法简单的分类回归树作为基学习机，降低子模型复杂度。因此，本书采用随机森林算法拟合总压、静压NARX模型的非线性函数，进行基于大数据的风洞马赫数建模的尝试。

3.2.2 随机森林马赫数模型

在处理回归预测问题时，随机森林以回归树为基学习机。

（1）回归树子模型

回归树具有简单、快速以及可解释性等优点，其核心内容包括分枝算法、终止准则和预测输出三部分。

①分枝算法。在根节点或父节点上，从 n 维输入变量中选取一个分组变量 x_i，并确定该变量的分割阈值 γ_i，进而将样本空间划分成两部分，一部分包含的样本满足 $x_i < \gamma_i$，另一部分包含的样本满足 $x_i \geq \gamma_i$[98]。分割样本空间的目的是让每个子空间内部的样本尽可能同构。要达到该目的，需要解决两个问题[98]：一是如何从众多的输入变量中选取最佳的分组变量；二是如何从分组变量的众多取值中找到最佳的分割阈值。

对于单一回归树，最为常用的分割准则是，分割前检查每个输入变量及其所有可能的分割阈值，分割后的两个样本子集在输出变量上具有最小均方误差[99]：

$$\min\left(\alpha_1 \times MSE_1 + \alpha_2 \times MSE_2\right) \tag{3-3}$$

式中，N_1、N_2 为分割后的两个样本子集的样本个数；α_1、α_2 为权重；MSE_1、MSE_2 为分割后的两个样本集的均方误差；$\overline{Y}_1$、$\overline{Y}_2$ 为分割后的两个样本子集的输出变量均值，且有：

$$MSE_1 = \frac{1}{N_1}\sum_{i=1}^{N_1}\left(Y_i - \overline{Y}_1\right)^2, \quad \overline{Y}_1 = \frac{1}{N_1}\sum_{i=1}^{N_1}Y_i$$

$$MSE_2 = \frac{1}{N_2}\sum_{i=1}^{N_2}\left(Y_i - \overline{Y}_2\right)^2, \quad \overline{Y}_2 = \frac{1}{N_2}\sum_{i=1}^{N_2}Y_i$$

不同于单一回归树，随机森林中的回归树子模型采样随机的方式选择分组变量，因此可进一步缩短回归树的训练时间。

②终止准则。令 θ 表示叶节点最少样本个数。最简单的终止准则为"如果叶节点样本个数 < θ，将停止分裂"[42]。它表示叶节点至少包含 θ 个样本，相应地，父节点至少包含 2θ 个样本；当父节点样本个数 < 2θ 时，停止分裂，成为叶节点。回归树建立之后，所有叶节点的样本个数在 $[\theta 2\theta)$ 范围内。最少样本个数 θ 决定回归树的深度，给定 θ 值后叶节点个数将会自动确定。

③预测输出。假设 $(X_1,\ Y_1)$，$(X_2,\ Y_2)$，$\cdots$，$\left(X_{N_l},\ Y_{N_l}\right)$ 表示叶节点 L_l 的所有训练样本，那么叶节点 L_l 的预测值为：

$$\hat{Y}_l = \frac{1}{N_l}\sum_{i=1}^{N_l}Y_i \tag{3-4}$$

预测时，只需将新样本遍历回归树并落入某个叶节点中，然后使用该叶节点的预测值作为新样本的预测值。

（2）随机森林算法

随机森林首先通过 Bootstrap 采样从 $L_{Train} = \left\{\left(X_k,\ Y_k\right)\right\}_{k=1}^{N}$ 中产生 P 个相互独立的样本子集 $L_i = \left\{\left(X_k,\ Y_k\right)\right\}_{k=1}^{N_B}$，$i = 1$，$\cdots$，$P$。任意样本子集的 $N_B(N_B < N)$ 个样本相互独立且服从统一分布。其次，在每个样本子集上建立一个回归树子模型，并采用随机特征选择的方式分裂父（或根）节点。最后，对于任意样本 X，P 个子模型将产生 P 个预测值

$\hat{Y}_1$, $\hat{Y}_2$, $\cdots$, $\hat{Y}_P$, Breiman 将 P 个预测值取简单平均后作为随机森林的预测值 $\hat{Y}_E$ [42]：

$$\hat{Y}_E = \frac{1}{P} \sum_{k=1}^{P} \hat{Y}_k \qquad (3-5)$$

随机森林中子模型建立在不同的样本子集上，因此子模型的重要性及准确度也不尽相同。使用简单平均法给子模型分配相同的权值，会限制随机森林预测精度的提高。因此，本书选取通用融合算法 [96] 获得子模型权值，该算法将在 3.4 节中详细介绍。

3.2.3 模型评估

（1）评价指标及试验数据

本节分别针对风洞试验中的两种工况和三种工况考察随机森林马赫数预测模型的性能。从训练集 RMSE、测试集 RMSE、训练时间和测试时间四个方面评估模型的预测效果。

①以训练集 RMSE 和测试集 RMSE 度量马赫数模型的预测精度。训练集 RMSE 表示模型的准确度，测试集 RMSE 表示模型的泛化性。令 Y_i 表示测量值（真实值），$\hat{Y}_i$ 表示预测值，N 表示训练集样本个数，则模型预测输出的 RMSE 为：

$$RMSE = \sqrt{\frac{1}{N} \sum_{i=1}^{N} \left(Y_i - \hat{Y}_i \right)^2} \qquad (3-6)$$

项目上要求马赫数预测模型的 RMSE 低于 0.002。

②以训练时间和测试时间度量马赫数模型的复杂度，其中测试时间还表示模型的预测速度。注意，测试时间是指每个测试集所有样本的预测时间，而非单一样本的预测时间。以单一模型的训练（或测试）时间为基准，并行集成模型的训练（或测试）时间为每个子模型的运行时间，即用所有子模型运行时间的平均值作为并行集成模型的运行时间；用串行集成模型的训练（或测试）时间作为所有子模型的运行时间。

本书所有实验都在计算机 Pentium（R）Dual-Core CPU 上执行，其内存为 2.00GB，使用 Microsoft Windows XP Professional 系统。所有程序使用 Matlab 进行编程。任一模型都使用 10 倍交叉验证（10-fold Cross-

validation）方式确定参数。所有集成模型都使用通用融合算法[96]获得
子模型权值，详见3.4节。

风洞试验的详细参数见表3-1。各工况下的样本个数见表3-2。每
种工况下各采集15组试验数据，每组数据的输入特征维数都为30，输
出特征为总压、静压和马赫数。由于每次试验只涉及一种工况，因此对
各工况分别进行了测试，即分工况测试。

表3-1 风洞试验参数

| 工况# | 工况 | | 飞行器 | | 试验 | | | |
	P_o（KPa）	Ma	模型	阻塞度（%）	试验时间（s）	起动阶段（s）	充压阶段（s）	稳压阶段（s）
1	110	0.6	A	约1	105.9	0~4.67	4.68~12.20	12.21~105.9
2	130	0.85	A	约1	115.5	0~6.04	6.05~12.04	12.05~115.5
3	110	0.54	B	约0.8	46.21	0~5.94	4.95~15.75	15.76~46.21

表3-2 各工况下样本个数

| 工况# | 训练集 | | | 测试集 | | | | |
	1	2	3	4	5	6	7	8
1	10 440	11 220	10 986	10 800	9 655	10 641	9 684	10 032
2	11 070	11 004	11 100	11 010	9 930	10 026	9 780	8 851
3	4 091	3 836	4 504	4 546	4 300	4 183	4 176	4 187
总数	25 601	26 060	26 590	26 356	23 885	24 850	23 640	24 170

| 工况# | 测试集 | | | | | | |
	9	10	11	12	13	14	15
1	10 686	10 080	11 100	10 590	10 070	10 230	10 590
2	9 887	9 598	10 176	9 870	10 041	9 840	11 550
3	4 402	4 575	4 292	4 621	4 161	4 400	4 621
总数	24 975	24 253	25 568	25 081	24 272	24 470	26 761

（2）两种工况下的马赫数预测

针对两种工况建立随机森林马赫数预测模型。这两种工况为：工况
1（$Ma=0.6$、$P_o=110$KPa）和工况2（$Ma=0.85$、$P_o=130$KPa）。将随机森
林与回归树进行实验对比，证明相较于单一模型，随机森林集成模型更
适合于风洞马赫数的预测。

①随机森林总压、静压模型。在表3-2中，将工况1和工况2的第
1~3组数据合并作为训练集，样本个数为65820；将第4~15组数据作为
测试集，进行分工况测试。使用Matlab工具箱获得随机森林和回归树的
程序函数。所有回归树模型都不考虑树的修剪算法。实验发现，当叶节
点最少样本个数$\theta = 5$时，无论是随机森林还是单一回归树都可获得理
想的预测效果。

令Q（%）表示采样率，即训练子集的样本个数与训练集的样本个
数的比值；P表示子模型个数；h_r表示随机森林中选择的随机特征的维
数。通过实验的方式确定，当$Q = 33\%$、$P = 25$、$h_r = 16$时随机森林马
赫数模型可获得满意的预测效果。随机森林和回归树总压、静压和马赫
数模型的训练结果见表3-3。随机森林总压、静压模型的训练集RMSE
都高于回归树总压、静压模型的训练集RMSE，但是随机森林总压、静
压模型的训练时间约为回归树总压、静压模型训练时间的1/4。随机森
林马赫数模型的训练集RMSE略高于回归树马赫数模型的训练集RMSE，
且都低于0.002。

表3-3 两种工况下的训练结果

学习算法	总压（KPa）		静压（KPa）		马赫数
	RMSE	时间（s）	RMSE	时间（s）	RMSE
随机森林	0.0198	5.81	0.0165	5.85	0.0007
回归树	0.0159	21.77	0.0135	22.33	0.0006

②分工况测试。两种工况下，随机森林和回归树总压、静压模型的
测试时间见表3-4。工况1下，随机森林总压、静压模型的测试时间分
别为0.1156s~0.1181s和0.1169s~0.1194s；回归树总压、静压模型的测

试时间都为 0.1250s~0.1410s。工况 2 下，随机森林总压、静压模型的测试时间都为 0.1150s~0.1194s；回归树总压、静压模型的测试时间都为 0.1250s~0.1410s。针对两种工况，随机森林总压、静压模型的测试时间都明显少于回归树总压、静压模型的测试时间。

表3-4　　　　　　　　两种工况下的测试时间（s）

# 数据集	随机森林				回归树			
	工况1		工况2		工况1		工况2	
	总压	静压	总压	静压	总压	静压	总压	静压
4	0.1169	0.1188	0.1175	0.1181	**0.1250**	**0.1250**	**0.1250**	**0.1250**
5	0.1169	0.1188	0.1156	0.1162	0.1250	0.1250	0.1250	0.1410
6	0.1175	0.1181	0.1175	0.1169	0.1250	0.1250	0.1250	0.1250
7	0.1162	**0.1169**	0.1156	**0.1150**	0.1250	**0.1410**	0.1250	0.1250
8	**0.1156**	0.1169	0.1175	0.1169	0.1250	0.1410	0.1250	0.1250
9	0.1175	0.1188	0.1162	0.1156	**0.1410**	0.1400	0.1250	0.1250
10	0.1162	0.1181	**0.1150**	0.1156	0.1250	0.1250	0.1250	0.1250
11	0.1181	**0.1194**	0.1150	0.1162	0.1250	0.1250	0.1250	0.1400
12	0.1175	0.1175	0.1162	0.1156	0.1250	0.1250	0.1400	0.1250
13	0.1163	0.1169	0.1168	0.1168	0.1400	0.1250	0.1250	0.1250
14	**0.1181**	0.1181	0.1162	0.1162	0.1250	0.1250	0.1250	**0.1410**
15	0.1169	0.1182	**0.1194**	**0.1194**	0.1250	0.1250	**0.1410**	0.1250

两种工况下，随机森林和回归树总压、静压和马赫数模型的测试集 RMSE 见表 3-5 和表 3-6。工况 1 下，随机森林总压模型的测试集 RMSE 为 0.0206~0.0368，低于回归树总压模型的测试集 RMSE 的 0.0265~ 0.0414。随机森林静压模型的测试集 RMSE 为 0.0177~0.0218，低于回归树静压模型的测试集 RMSE 的 0.0233~0.0312。随机森林马赫数模型的测试集 RMSE 为 0.0008~0.0018，低于回归树马赫数模型的测试集 RMSE 的 0.0008~0.0040。工况 2 下，随机森林总压模型的测试集 RMSE 为 0.0269~0.0502，低于回归树总压模型的测试集 RMSE 的 0.0322~0.0522。随机森林静压模型的测试集 RMSE 为 0.0198~0.0251，低于回归树静压模型的测试集 RMSE 的 0.0265~0.0309。随机森林马赫数模型的测试集 RMSE 为 0.0006~0.0017，低于回归树马赫数模型的测试集 RMSE 的 0.0008~0.0033。

表3-5　　　　　　　　两种工况下随机森林模型的测试集RMSE

# 数据集	工况1			工况2		
	总压（KPa）	静压（KPa）	马赫数	总压（KPa）	静压（KPa）	马赫数
4	**0.0368**	0.0196	**0.0018**	0.0393	**0.0198**	0.0011
5	0.0229	0.0205	0.0011	0.0316	0.0208	0.0008
6	0.0240	0.0205	0.0011	0.0283	0.0214	0.0007
7	0.0234	0.0201	**0.0008**	0.0309	0.0212	0.0013
8	0.0240	0.0216	0.0008	0.0349	0.0218	**0.0017**
9	**0.0206**	**0.0177**	0.0011	0.0410	0.0208	0.0012
10	0.0265	0.0216	0.0015	**0.0502**	0.0202	0.0010
11	0.0234	0.0201	0.0014	0.0273	0.0217	0.0009
12	0.0254	**0.0218**	0.0010	0.0411	0.0203	0.0011
13	0.0220	0.0187	0.0011	**0.0269**	0.0217	0.0007
14	0.0214	0.0196	0.0011	0.0332	0.0222	0.0010
15	0.0214	0.0189	0.0008	0.0293	**0.0251**	**0.0006**

表3-6　　　　　　　　两种工况下回归树模型的测试集RMSE

# 数据集	工况1			工况2		
	总压（KPa）	静压（KPa）	马赫数	总压（KPa）	静压（KPa）	马赫数
4	**0.0414**	0.0270	**0.0040**	0.0416	0.0290	0.0009
5	0.0332	0.0270	0.0031	0.0419	0.0272	0.0009
6	0.0303	0.0251	0.0012	0.0350	**0.0265**	0.0014
7	0.0294	0.0257	**0.0008**	0.0390	0.0302	**0.0033**
8	0.0318	0.0276	0.0010	0.0453	0.0273	0.0020
9	0.0285	**0.0233**	0.0011	0.0432	0.0297	0.0013
10	0.0315	**0.0312**	0.0022	**0.0522**	0.0290	0.0009
11	0.0311	0.0269	0.0012	0.0388	0.0271	**0.0008**
12	0.0343	0.0261	0.0009	0.0417	0.0267	0.0012
13	0.0299	0.0268	0.0013	**0.0322**	0.0280	0.0009
14	0.0289	0.0272	0.0010	0.0355	0.0288	0.0013
15	**0.0265**	0.0268	0.0009	0.0350	**0.0309**	0.0009

针对两种工况，随机森林马赫数模型的测试集 RMSE 低于 0.002，满足工程上马赫数预测精度的要求，而回归树马赫数模型的测试集 RMSE 高于 0.002，不能满足预测精度的要求。当随机森林和单一回归树的叶节点最少样本个数 θ 的给定值相同时，相对于直接建立在训练集上的单一回归树模型，建立在样本子集上的回归树子模型的"深度"较浅，结构更为简单些，新样本遍历树的时间也会缩短，因此随机森林模型的训练和测试时间都明显低于回归树模型的训练和测试时间。

（3）三种工况下的马赫数预测

针对三种工况建立随机森林马赫数预测模型。这三种工况为：工况 1（$Ma = 0.6$、$P_o = 110KPa$），工况 2（$Ma = 0.85$，$P_o = 130KPa$），工况 3（$Ma = 0.54$，$P_o = 110KPa$）。

①随机森林总压、静压模型。在表 3-2 中，将三种工况下的第 1~3 组数据合并作为训练集，样本个数为 78251；对各工况下的第 4~15 组数据进行分工况测试。通过实验的方式确定，基于随机森林的总压、静压模型的参数如下：叶节点最少样本个数 $\theta = 5$，样本子集的采样率 $Q = 33\%$，随机特征维数 $h_r = 16$，子模型个数 $P = 52$。随机森林总压、静压模型的训练时间分别为 6s 和 6.8s；随机森林总压、静压以及马赫数模型的训练集 RMSE 分别为 0.0020、0.0176 和 0.0009。在训练集上，随机森林马赫数模型能够获得理想的预测效果。

②分工况测试。三种工况下，随机森林总压、静压模型的测试时间见表 3-7。工况 1 下，随机森林总压、静压模型的测试时间分别为 0.1322s~0.1412s 和 0.1316s~0.1361s；工况 2 下，随机森林总压、静压模型的测试时间分别为 0.1319s~0.1379s 和 0.1322s~0.1361s；工况 3 下，随机森林总压、静压模型的测试时间分别为 0.1120~0.1220s 和 0.1214s~0.1229s。针对三种工况，随机森林总压、静压模型的预测时间过长，不利于马赫数控制精度的提高。

表3-7　　　　　三种工况下随机森林模型的测试时间（s）

# 数据集	工况1		工况2		工况3	
	总压	静压	总压	静压	总压	静压
4	0.1358	0.1355	0.1340	0.1343	0.1214	**0.1229**
5	**0.1412**	0.1355	0.1331	0.1328	0.1211	0.1220
6	0.1349	0.1358	0.1331	0.1328	0.1208	0.1220
7	**0.1322**	0.1331	**0.1319**	0.1325	0.1217	0.1220
8	0.1352	0.1340	0.1373	**0.1322**	**0.1220**	0.1220
9	0.1352	**0.1361**	**0.1379**	0.1331	0.1211	0.1220
10	0.1361	**0.1316**	0.1319	0.1325	0.1214	0.1226
11	0.1334	0.1340	0.1325	0.1328	0.1202	**0.1214**
12	0.1334	0.1334	0.1322	0.1337	0.1205	0.1223
13	0.1343	0.1352	0.1337	0.1334	**0.1120**	0.1214
14	0.1331	0.1340	0.1322	0.1322	0.1208	0.1226
15	0.1334	0.1337	0.1376	**0.1361**	0.1208	0.1220

　　三种工况下，随机森林总压、静压和马赫数模型的测试集RMSE见表3-8。工况1下，随机森林总压、静压模型的测试集RMSE分别为0.0193~0.0312和0.0175~0.0215，随机森林马赫数模型的测试集RMSE为0.0007~0.0036。工况2下，随机森林总压、静压模型的测试集RMSE分别为0.0325~0.0444和0.0197~0.0218，随机森林马赫数模型的测试集RMSE为0.0007~0.0029。工况3下，随机森林总压、静压模型的测试集RMSE分别为0.0207~0.0273和0.0185~0.0246，随机森林马赫数模型的测试集RMSE为0.0014~0.0033。在工况1和工况3下，随机森林马赫数模型的测试集RMSE有数据高于0.002，不能满足工程上马赫数预测精度的要求。

表3-8　　　　　三种工况下随机森林模型的测试集RMSE

工况1数据集#	总压（KPa）	静压（KPa）	马赫数
4	**0.0312**	0.0195	**0.0036**
5	0.0247	0.0198	0.0028
6	0.0222	0.0193	0.0012
7	0.0214	0.0198	**0.0007**
8	0.0229	**0.0215**	0.0008
9	**0.0193**	**0.0175**	0.0011
10	0.0215	0.0198	0.0021
11	0.0222	0.0202	0.0011
12	0.0240	0.0215	0.0012
13	0.0202	0.0186	0.0011
14	0.0205	0.0200	0.0010
15	0.0222	0.0188	0.0008
工况2数据集#	总压（KPa）	静压（KPa）	马赫数
4	0.0424	**0.0197**	0.0009
5	0.0338	0.0206	0.0009
6	0.0335	0.0214	0.0009
7	0.0383	0.0206	**0.0029**
8	0.0375	**0.0218**	0.0018
9	0.0437	0.0204	0.0012
10	**0.0517**	0.0204	0.0010
11	0.0326	0.0215	0.0008
12	0.0444	0.0203	0.0010
13	**0.0325**	0.0213	0.0009
14	0.0421	0.0205	0.0010
15	0.0344	0.0202	**0.0007**
工况3数据集#	总压（KPa）	静压（KPa）	马赫数
4	0.0244	0.0239	0.0022
5	0.0231	0.0204	**0.0033**
6	**0.0207**	0.0198	0.0020
7	0.0234	0.0216	**0.0014**
8	0.0210	0.0202	0.0014
9	0.0218	**0.0185**	0.0019
10	0.0247	0.0246	0.0025
11	0.0243	0.0230	0.0016
12	0.0242	0.0223	0.0017
13	**0.0273**	0.0218	0.0022
14	0.0271	**0.0246**	0.0027
15	0.0239	0.0196	0.0029

3.2.4 随机森林马赫数模型的不足

采用随机森林方法针对两种工况下的马赫数进行预测，取得了一定成果。但考虑三种工况时，随机森林马赫数模型的预测效果明显下降，无法满足工程上马赫数预测速度及精度的要求，其原因主要有以下两点：

（1）随机森林无法解决高维问题

随机森林是一种基于样本子集的集成方法，能够有效缩小样本规模，但是并没有对风洞试验数据的高维输入特征作任何处理。高维的输入特征会增加数据分析工作的难度[100]：维数的增长会导致算法计算量的迅速增加；冗余特征比例的增大会产生或加重多重共线性问题，导致模型预测结果偏差的增大以及模型泛化性能力的下降；大量冗余特征的存在还会导致模型鲁棒性难以满足，乃至学习失败。

（2）试验数据复杂程度进一步加深，导致随机森林难以满足马赫数预测速度及精度的要求

试验数据复杂程度的加深主要体现在以下三个方面：一是训练集以及样本子集的规模进一步扩大。回归树子模型复杂度增加，导致随机森林预测速度的下降。二是静压、总压非线性程度进一步加强。随机森林无法很好地描述静压、总压的强非线性特性，导致马赫数预测精度的下降。随机森林属于线性学习算法，与回归树相同，都是基于分段线性化的思想拟合非线性函数。另外，无论是回归树还是随机森林，它们的输出值仅有有限个、离散的常数。虽然在很多应用中，具有该特点的输出值并不影响随机森林的预测效果，但在风洞系统中，其难以满足马赫数预测精度的要求。三是产生了数据分布不均衡问题。样本稀疏的工况下，随机森林马赫数模型预测精度的下降尤为明显。工况3的样本个数大约为工况1或工况2的50%（见表3-2），这是因为工况3的试验时间明显短于工况1和工况2的（见表3-1）。现有学习算法的设计大多基于训练集数据的分布是大致平衡的这一假设，也就是说，研究者通常假定训练集中的样本个数大致相当，而这一基本假设在许多实际应用问题中并不成立[101]。在整体上具有较高预测精度的学习算法，对样本稀疏部

分的辨识率或预测能力却很低[101-102]。

3.3 基于特征子集的风洞流场集成模型

针对风洞建模数据样本规模大、输入特征维数高的特点，本书基于多元模糊泰勒定理[103]，提出一种基于特征子集的回归集成方法，称之为特征子集集成（Feature Subsets Ensemble，FSE）方法，用于风洞马赫数建模。

3.3.1 FSE 集成思想

在多元模糊泰勒公式中，连续非线性函数 $f(X)$ 为多项式和的形式，其中每个单项式都具有非线性形式，也可认为 $f(X)$ 是所有非线性单项式的加权平均。这与式（3-2）表示的回归集成模型具有十分相似的表示形式。受此启发，本书对多元模糊泰勒公式与回归集成模型之间的关系进行了深入研究，发现将多元模糊泰勒公式完全展开之后，任一单项式只包含部分输入特征。如果将这些单项式视为建立在特征子集上的子模型，那么连续非线性函数 $f(X)$ 实际上表示的就是一个基于特征子集的集成模型。

多元模糊泰勒定理[103]：设 Ω 是 $\mathbb{R}^n$ 上的开凸集，且 $f: \Omega \to R_F$ 是一个模糊连续函数。假设函数 f 直到 $(h^* + 1) \in \mathbb{R}$ 阶的 H 模糊偏导数都存在且模糊连续。设 $Z = \{z_1, \cdots, z_n\}$，$X = \{x_1, \cdots, x_n\} \in \Omega$ 有 $x_i \geqslant x_{0i}$，$i = 1, 2, \cdots, n$。设 $0 \leqslant t \leqslant 1$，定义 $x_i = x_{0i} + t(z_i - z_{0i})$，$i = 1, 2, \cdots, n$ 以及 $g_z(t) = f(x_0 + t(z - x_0))$。明显地，$x_0 + t(z - x_0) \in \Omega$ 对于 $h = 1, 2, \cdots, h^* + 1$ 有

$$g_z^{(h)}(t) = \left[\left(\sum_{i=1}^n *(z_i - x_{0i}) \frac{\partial}{\partial x_i} \right)^h f \right] (x_1, x_2, \cdots, x_n) \tag{3-7}$$

多元模糊泰勒公式形式如下：

$$f(Z) = f(x_0) + \sum_{h=1}^{h^*} \frac{*g_z^{(h)}(0)}{h!} + \Re_{h^*+1}(0, 1) \tag{3-8}$$

其中：

$$\Re_{h^*+1}(0, 1) = \frac{1}{(h^*)!}(FR)\int_0^1 (1-s)^{h^*} g_z^{(h^*+1)}(s)\,\mathrm{d}s \tag{3-9}$$

将式（3-7）代入式（3-8），按相同输入特征的单项式合并同类项，并根据多元模糊泰勒定理中的定义，$x_i = x_{0i} + t(z_i - z_{0i})$，$i = 1, 2, \cdots, n$，将式（3-8）转换成如下等价形式：

$$
\begin{aligned}
f(X) &= f(x_0) + \sum_{i_1}^{n} \frac{\alpha_{i_1}}{1!} \cdot \phi_{i_1}(x_{i_1}) + \sum_{\substack{i_1 \\ i_2 = i_1+1}}^{n-1} \sum_{i_2 > i_1}^{n} \frac{\alpha_{i_1 i_2}}{2!} \cdot \phi_{i_1 i_2}(x_{i_1}, x_{i_2}) + \cdots + \\
&\quad \sum_{\substack{i_1 \\ i_2 = i_1+1}}^{n-h^*+1} \sum_{\substack{i_2 > i_1 \\ }}^{n-h^*+2} \cdots \sum_{\substack{i_{h^*} > i_{h^*-1} > \cdots > i_2 > i_1 \\ i_{h^*} = i_{h^*-1}+1}}^{n} \frac{\alpha_{i_1 i_2, \cdots, i_{h^*}}}{h^*!} \cdot \phi_{i_1 i_2, \cdots, i_{h^*}}(x_{i_1}, \cdots, x_{i_{h^*}}) + \\
&\quad \Re_{h^*+1}(0, 1)
\end{aligned} \tag{3-10}
$$

其中：

$$
\begin{aligned}
\alpha_{i_1} \cdot \phi_{i_1}(x_{i_1}) &= \frac{\partial f(x_1, \cdots, x_n)}{\partial x_{i_1}} \varphi_{i_1}(x_{i_1}) + \frac{\partial^2 f(x_1, \cdots, x_n)}{\partial x_{i_1}^2}\left[\varphi_{i_1}(x_{i_1})\right]^2 + \cdots + \\
&\quad \frac{\partial^{h^*} f(x_1, \cdots, x_n)}{\partial x_{i_1}^{h^*}}\left[\varphi_{i_1}(x_{i_1})\right]^{h^*},
\end{aligned}
$$

$i_1 = 1, 2, \cdots, n$

$$
\begin{aligned}
\alpha_{i_1 i_2} \cdot \phi_{i_1 i_2}(x_{i_1}, x_{i_2}) &= 2\left\{\frac{\partial^2 f(x_1, \cdots, x_n)}{\partial x_{i_2} \partial x_{i_1}} \varphi_{i_1}(x_{i_1})\varphi_{i_2}(x_{i_2})\right\} + \\
&\quad 2\left\{\frac{\partial^3 f(x_1, \cdots, x_n)}{\partial x_{i_2} \partial x_{i_1}^2}\left[\varphi_{i_1}(x_{i_1})\right]^2 \varphi_{i_2}(x_{i_2}) + \right. \\
&\quad \left. \frac{\partial^3 f(x_1, \cdots, x_n)}{\partial x_{i_2}^2 \partial x_{i_1}} \varphi_{i_1}(x_{i_1})\left[\varphi_{i_2}(x_{i_2})\right]^2\right\} + \cdots + \\
&\quad 2\left\{\frac{\partial^{h^*} f(x_1, \cdots, x_n)}{\partial x_{i_2} \partial x_{i_1}^{h^*-1}}\left[\varphi_{i_1}(x_{i_1})\right]^{h^*-1} \cdot \varphi_{i_2}(x_{i_2}) + \right. \\
&\quad \left. \frac{\partial^{h^*} f(x_1, \cdots, x_n)}{\partial x_{i_2}^{h^*-1} \partial x_1} \varphi_{i_1}(x_{i_1}) \cdot \left[\varphi_{i_2}(x_{i_2})\right]^{h^*-1}\right\},
\end{aligned}
$$

$i_1 = 1, 2, \cdots, n-1$，$i_2 > i_1$，$i_2 = i_1 + 1, \cdots, n$

$\vdots$

$$
\begin{aligned}
&\alpha_{i_1 i_2, \cdots, i_{h^*}} \cdot \phi_{i_1 i_2, \cdots, i_{h^*}}(x_{i_1}, \cdots, x_{i_{h^*}}) = \\
&\quad h^* \sum_{\substack{i_1 \\ i_2 = i_1+1}}^{n-h^*+1} \sum_{\substack{i_2 > i_1}}^{n-h^*+2} \cdots \sum_{\substack{i_{h^*} > i_{h^*-1} > \cdots > i_1 \\ i_{h^*} = h^*}}^{n} \frac{\partial^{h^*} f(x_1, \cdots, x_n)}{\partial x_h \cdot \partial x_{h^*-1} \cdots \partial x_{i_1}} \prod_{r=1}^{h^*} \varphi_{i_r}(x_{i_r})
\end{aligned}
$$

$$i_1 = 1, 2, \cdots, n - h^* + 1, \; i_2 > i_1, \; i_2 = i_1 + 1, \cdots, n - h^* + 2, \cdots, \; i_{h^*} >$$
$$i_{h^* - 1} > \cdots > i_1, \; i_{h^*} = i_{h^* - 1} + 1, \cdots, n$$

式（3-10）共有 $\sum\limits_{h=1}^{h^*} C_n^h$ 个非线性函数 $\phi_.(\cdot)$，其中，C_n^1 个具有 1 维输

入特征，C_n^2 个具有 2 维输入特征，$\cdots$，$C_n^{h^*}$ 个具有 $h^*(h^* \le n)$ 维输入特

征。如果这些非线性函数 $\phi_.(\cdot)$ 表示建立在 $\sum\limits_{h=1}^{h^*} C_n^h$ 个特征子集上的子模

型，$\dfrac{\alpha_{x_1}}{1!}$，$\dfrac{\alpha_{x_n}}{1!}$，$\dfrac{\alpha_{x_1 x_2}}{2!}$，$\dfrac{\alpha_{x_{n-1} x_n}}{2!}$，$\cdots$，$\dfrac{\alpha_{x_1 x_2, \cdots, x_n}}{h^*!}$，$\cdots$，$\dfrac{\alpha_{x_{n-h^*+1, \cdots, n}}}{h^*!}$ 表示子模

型的权值，那么非线性函数 $f(X)$ 即为特征子集集成（FSE）模型 $f_E(X)$，

其可进一步表示成如下形式：

$$f_E(X) = \sum_{i_1}^{n} \beta_{i_1} \cdot \phi_{i_1}(x_{i_1}) + \sum_{i_1}^{n-1} \sum_{\substack{i_2 > i_1 \\ i_2 = i_1 + 1}}^{n} \beta_{i_1 i_2} \cdot \phi_{i_1 i_2}(x_{i_1}, x_{i_2}) + \cdots +$$
$$\sum_{i_1}^{n-h^*+1} \sum_{\substack{i_2 > i_1 \\ i_2 = i_1 + 1}}^{n-h^*+2} \cdots \sum_{\substack{i_{h^*} > i_{h^*-1} > \cdots > i_1 \\ i_{h^*} = i_{h^*-1} + 1}}^{n} \beta_{i_1 i_2, \cdots, i_{h^*}} \cdot \phi_{i_1 i_2, \cdots, i_{h^*}}(x_{i_1}, \cdots, x_{i_{h^*}}) \tag{3-11}$$

式中，$\beta_. = \dfrac{\alpha_.}{j!}$，$j = 1, \cdots, h^*$；$\alpha_. \in \mathbb{R}$；$\beta_. \in \mathbb{R}$。与式（3-10）相比

较，式（3-11）省略了常数项 $f(x_0)$ 和余项 $R_{h^*+1}(0, 1)$，它们被嵌入到

子模型中。与式（3-2）相比较，有 $P = \sum\limits_{h=1}^{h^*} C_n^h$，$\phi_.(\cdot) = f_.(\cdot)$，权值 $\beta_.$ 可

通过融合算法获得。

3.3.2　特征子集的划分

根据式（3-11），FSE 模型将产生 $P = \sum\limits_{h=1}^{h^*} C_n^h$ 个特征子集，其中，C_n^1 个具

有 1 维输入特征，C_n^2 个具有 2 维输入特征，$\cdots$，$C_n^{h^*}$ 个具有 $h^*(h^* \le n)$ 维输入

特征。令 $fs_i^h = \left\{ (X_k^h, Y_k) \right\}_{k=1}^{N}$，$X_k^h \in \mathbb{R}^h$，$X_k^h \subset X_k$，$i = 1, 2, \cdots, P$，$P =$

$\sum\limits_{h=1}^{h^*} C_n^h$ 表示从训练集 L_{Train} 中产生的所有特征子集，$h = 1, 2, \cdots, h^*(h^* < n)$

表示特征子集的输入特征维数，h^* 表示最大输入特征维数。

定义关于特征空间的 h-划分（h-subdivision）为：

$$\bigcup_{i=1}^{C_n^h} fs_i^h = L_{Train} \text{ 且 } \forall i \neq j, \ fs_i^h \not\subset fs_j^h, \ fs_j^h \not\subset fs_i^h$$

h-划分共产生 C_n^h 个特征子集，每个特征子集都包含 h 维输入特征；h-划分下产生的任意两个特征子集 fs_i^h, fs_j^h 互不相同且互不包含，所有 C_n^h 个特征子集覆盖整个特征空间。令 $fs_i^{\hat{h}}$, $fs_j^{\check{h}}$ 分别表示产生于 $\hat{h}$-划分和 $\check{h}$-划分的两个特征子集，且 $\hat{h} < \check{h}$，则可能存在 $fs_i^{\hat{h}} \subseteq fs_j^{\check{h}}$。

给定最大输入特征维数 h^*，FSE 模型将对特征空间进行 1-划分到 h^*-划分，产生 $P = \sum_{h=1}^{h^*} C_n^h$ 个特征子集，然后在每个特征子集上建立一个子模型。FSE 模型结构如图 3–2 所示。

3.3.3　FSE 方法的特点

FSE 方法具有解决大数据建模难的问题的明显优势：

一是能够快速构建独立的特征子集。不需要复杂的特征选择过程，能够直接、简单、全面地划分特征空间，构建低维特征子集；在降低输入特征维数的同时，节省更多的计算机存储空间，间接"缩小"样本规模、"均衡"数据分布。输入特征维数的降低，对于子模型乃至整个集成模型复杂度的降低以及泛化能力的提高都具有积极的作用，有利于解决大数据规模大、种类多和要求处理速度快的问题。

二是具有并行的运行结构。特征子集之间、子模型之间都相互独立，可在多 CPU 上并行运行，减少建模时间和模型预测时间，有利于解决大数据要求处理速度快的问题。

三是能够灵活地选择基学习机。实际应用中数据类型复杂而多样，有的数据有空缺值，有的稀疏，有的密集，有的噪声大，有的属性是连续的，有的则是离散或混合的[104]。学习算法的效果通常和数据的特点有关，每种学习算法都存在优缺点，加上数据的多样性以及实际问题的复杂性，使得到目前为止，没有哪一种算法在所有学习问题中都优于其他学习算法[105]。FSE 模型中，子模型的训练过程独立于特征子集的构建过程，可以根据实际应用，结合数据特点，选取合适的基学习机，有利于解决大数据价值密度低的问题，并在一定程度上解决大数据真实性低的问题。

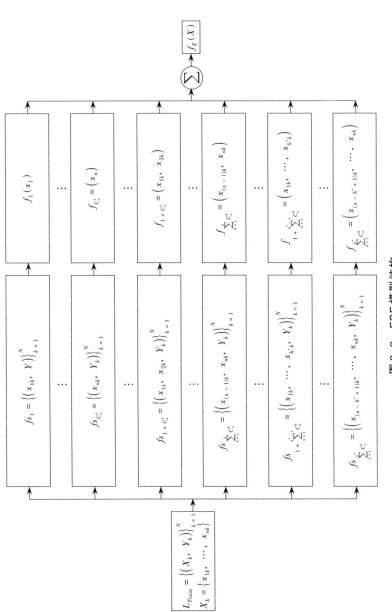

图 3-2 FSE 模型结构

（1）与 Feating 的比较

Ting 等[106] 针对分类预测问题，提出了一种基于特征子空间的集成方法，称为 Feating（Feature-Subspace Aggregating）。受此启发，针对回归预测问题，本书提出了 FSE 方法。虽然两种方法都涉及特征空间的 h-划分，产生 C_n^h 种输入特征组合形式，但两种方法的本质和产生的结果都是完全不同的。

Feating 是一种基于样本子集的集成方法，其中样本子集根据"树"的思想构建，树的叶节点即为样本子集。从 n 维输入特征中随机选取 $h(h < n)$ 维，共产生 C_n^h 种组合形式，Feating 利用每一种组合形式建立"一棵树"，按递归分裂的方式，训练样本从根节点分配到内部节点，又从内部节点分配到叶节点，然后以叶节点为样本子集建立子模型。与该树相对应的特征组合被用于分裂节点。实际上，Feating 是将训练样本进行了 C_n^h 次重新分配，类似于 Bagging，是一种"重新采样"的思想。

FSE 是一种基于特征子集的集成方法，基于多元模糊泰勒定理，FSE 对特征空间进行 1-划分到 h^*-划分，产生 $P = \sum_{h=1}^{h^*} C_n^h$ 个特征子集，然后在特征子集上建立子模型。

（2）与遗传集成特征选择法的比较

不同于 FSE 方法，遗传集成特征选择法[67] 属于串行集成方法。首先，随机地、有重复地选取一组特征子集作为初代特征子集，建立初代子分类器；其次，在初代特征子集上通过遗传算子的交叉、变异产生下一代特征子集，建立新一代子分类器，以此类推；最后，融合所有的（包括初代在内）子分类器，获得集成模型。Opitz 指出该集成模型的准确性会随着遗传代数的增加而进一步提高。

除遗传算法之外，虽然也有一些其他的特征选择算法应用到集成学习中[107-108]，但是将特征选择算法应用于集成学习中仍存在较大难度，例如特征选取的准则、相关特征的判别、如何确保所选取的特征子集能够提高子模型的多样性等[108]。

通常情况下，特征选择算法的时间复杂度都为特征维数的二次方甚至更高次方，同时也与样本个数成正比，当对高维大样本数据集进行特征选择时，所需要的计算开销就会过大[109-110]，甚至无法实现。另外，现有的大部分特征选择算法只适用于分类问题，它们只能够处理类别型或离散型输入变量[108]。因此，如何针对回归问题，有效地对高维大样本数据集进行特征选择，是特征选择研究要迫切解决的难点。

（3）与随机子空间法的比较

FSE方法与特征子空间法更相似一些，如并行的运行结构，不要复杂的特征选择过程，能够直接、快速地建立特征子集，子模型的训练过程独立于特征子集的构建过程。但是两种方法之间仍存在着明显的差别：

首先，FSE方法使用所有的输入特征，只是这些输入特征被分散到不同的特征子集中；而随机子空间法可能会丢失部分输入特征。随机子空间法与Bagging都基于Bootstrap采样思想，Bagging对训练样本进行有放回的重新选择，而随机子空间法对输入特征进行有放回的重新选择[48]。Breiman在提出Bagging时指出[55]，Bagging中的随机"重新采样"过程不能保证训练集中所有的样本都被使用，任意的一个样本可能被重复使用，即出现在不同的样本子集中，也可能没有被使用，即没有出现在任何样本子集中。同理，随机子空间法的随机"重新选择特征"过程也不能保证所有的输入特征都被使用，任意的一维输入特征可能被重复使用，即出现在不同的特征子集中，也可能没有被使用，即没有出现在任何特征子集中。

其次，FSE模型中无重复的特征子集；而随机子空间模型中可能出现重复的特征子集。FSE方法按照 $P = \sum_{h=1}^{h^*} C_n^h$ 种组合形式构建无重复的特征子集；而随机子空间法按Bootstrap方法构建特征子集，可能出现完全相同的特征子集，尤其是在输入特征维数相对较低的情况下。

再次，通常FSE模型中特征子集的维数比随机子空间模型中特征子集的维数要低。FSE模型中，特征子集的最大输入特征维数为 h^*，一般情况下当 h^*=2或3时，FSE模型就可得到满意的预测效果；而随机子空间模型的特征子集一般需要 $n/2$ 维输入特征。

Ho[43] 在提出随机子空间法时也对特征子集的维数进行了讨论，以决策树为基学习机，分别采用 8 种节点分裂算法进行验证，其实验表明特征子集的维数为 $n/2$ 时，在 8 种不同分裂算法下建立的随机子空间模型都得到了最好的或十分接近于最好的预测效果。但是，Ho 只针对决策树这一种基学习机进行了讨论，并没有考虑到其他基学习机是否也需要 $n/2$ 维的输入特征。后来，Shirai 等[111] 针对该问题进行了补充验证，他们分别以最近邻算法（K-Nearest Neighbour Algorithm[112]）和支持向量机（Support Vector Machines，SVM[113]）为基学习机，得到了相同的结论。虽然对于选取 $n/2$ 作为特征子集的输入特征维数，Ho 并没有给出严谨的理论依据，但是给出了这样的解释[43]：如果特征子集的维数过低，子分类器可能产生较多的、具有歧义的预测结果，会对整个集成模型的预测效果产生不利影响。

最后，FSE 方法以解决回归问题为出发点；随机子空间法则是针对分类问题。

3.4 融合算法

本书在保证预测精度的基础上，以降低模型复杂度、提高模型的预测速度为首要目标，不希望子模型在融合过程中消耗过多的时间，尤其是在实际预测时，因此选择运算速度快的常数权值融合算法。另外，随机森林中的子模型建立在不同的样本子集上，而 FSE 模型中子模型建立在不同的特征子集上，因此它们的子模型的重要性及准确度也不尽相同。使用简单平均法给子模型分配相同的权值是不合理的，会限制随机森林和 FSE 模型预测精度的提高。因此，本书选取常数权值融合算法中的通用融合算法[96] 获得子模型权值。

通用融合算法是一种优化方法，它以集成模型的均方误差最小为目标函数，以 $\sum_{i=1}^{P} \beta_i = 1$ 为约束条件，通过子模型的预测偏差构造相关矩阵直接求解权值向量。详细算法如下[114]：

令 $g(X)$ 表示真实函数，$\varepsilon_i(X) = f_i(X) - g(X)$ 表示子模型 $f_i(X)$ 与真

实函数 $g(X)$ 的偏差函数，那么集成模型还可表示成如下形式：

$$f_E(X) = g(X) + \sum_{i=1}^{P} \beta_i \varepsilon_i(X) \tag{3-12}$$

假设 $\mathbf{\Gamma}$ 表示大小为 $P \times P$ 的相关矩阵，其元素为：

$$\Gamma_{ij} = E\left[\varepsilon_i(X)\varepsilon_j(X)\right] \tag{3-13}$$

使用有限个样本进行近似估计，有：

$$\Gamma_{ij} = \frac{1}{N} \sum_{k=1}^{N} \left[f_i(X_k) - Y_k\right]\left[f_j(X_k) - Y_k\right] \tag{3-14}$$

集成模型的误差为：

$$J_E = E\left[\left(f_E(X) - g(X)\right)^2\right] = E\left[\sum_{i=1}^{P} \beta_i \varepsilon_i \sum_{j=1}^{P} \beta_j \varepsilon_j\right] \approx \sum_{i=1}^{P} \sum_{j=1}^{P} \beta_i \beta_j \Gamma_{ij} = \boldsymbol{\beta}^T \mathbf{\Gamma} \boldsymbol{\beta} \tag{3-15}$$

求解下面的优化问题获得最优权值 $\boldsymbol{\beta}$：

$$\min_{\boldsymbol{\beta}} \frac{1}{2} \boldsymbol{\beta}^T \mathbf{\Gamma} \boldsymbol{\beta}$$

$$s.t. \quad \sum_{i=1}^{P} \beta_i = 1 \tag{3-16}$$

根据 Lagrangian 定理，有：

$$\mathbf{1}(\boldsymbol{\beta}, \lambda) = \frac{1}{2} \boldsymbol{\beta}^T \mathbf{\Gamma} \boldsymbol{\beta} - \lambda\left(\sum_{i=1}^{P} \beta_i - 1\right) \tag{3-17}$$

式中，λ 表示 Lagrange 乘子，获得最优条件：

$$\begin{cases} \dfrac{\partial \mathbf{1}}{\partial \boldsymbol{\beta}} = \mathbf{\Gamma} \boldsymbol{\beta} - \lambda \mathbf{1}_v = 0 \\ \dfrac{\partial \mathbf{1}}{\partial \lambda} = \mathbf{1}_v^T \boldsymbol{\beta} - 1 \end{cases} \tag{3-18}$$

解得最优解：

$$\boldsymbol{\beta} = \frac{\mathbf{\Gamma}^{-1} \mathbf{1}_v}{\mathbf{1}_v^T \mathbf{\Gamma}^{-1} \mathbf{1}_v} \tag{3-19}$$

式中，$\mathbf{1}_v = \left[1; \cdots; 1\right]$。

3.5 本章小结

本章针对风洞大数据，分别研究了基于样本子集和基于特征子集的集成方法。实验表明，考虑两种工况时，基于样本子集的随机森林马赫数模型的预测速度及精度都优于单一回归树模型；但是考虑三种工况时，随机森林马赫数模型的预测效果明显下降，无法满足工程上马赫数预测速度及精度的要求，这归因于随机森林无法解决高维问题和试验数据复杂程度的加深。

随后提出了 FSE 方法。该方法能够快速构建独立的特征子集，在解决高维问题的同时，间接"缩小"样本规模、"均衡"数据分布，对于降低模型复杂度以及提高模型泛化能力都起到了积极的作用。FSE 方法有利于解决大数据规模大、种类多和要求处理速度快三方面的问题，在进行风洞马赫数预测时具有明显优势。

4 面向大数据集的基学习机研究

基学习机是指在集成模型中用于建立子模型的学习算法。FSE方法实际上是一种集成结构或框架，在构建特征子集之后，需要建立子模型才能够实现 FSE 模型。因此，有必要面向大数据集，对 FSE 模型中的基学习机进行研究，以进一步提高 FSE 马赫数预测模型的有效性。

4.1 基学习机

根据学习能力的强弱，基学习机可粗略地分为强学习机和弱学习机两大类。什么是强学习机和弱学习机呢？Kearns & Valliant[52] 指出："在 PAC（Probably Approximately Correct[115]）学习模型中，对于一组二元概念，如果存在一个多项式复杂性的学习算法可以辨别这组概念，并且辨别的错误率以概率 $1 - \delta$ 小于一个很小的常数 ε。"[60] 简单地说，如果某种学习算法辨别一组概念的正确率仅比随机猜测略好一些（略大于50%），那么这组概念是弱可学习的，对应的学习算法被称为弱学习算法或弱学习机（Weak Learner），常见的弱学习机有多元线性回归算法、分类回归树、决策树等；如果辨别的正确率很高，那么这组概念就是强可学习的，对应的学习算法被称为强学习算法或强学习机（Strong Learner），常见的强学习机有神经网络、SVM 等 [60, 106]。Boosting 的目标是把一个弱学习机转化成一个任意高精度的强学习机，因此在使用弱学习机时其集成效果更突出一些 [41]。

根据对数据的敏感度或依赖性，基学习机可以粗略地分为不稳定学习机（Unstable Learner）和稳定学习机（Stable Learner）两大类 [106]。当训练数据发生较小变化时，不稳定学习机可以产生预测结果差异很大的模型 [60]，也就是说对数据敏感或依赖性强，常见的不稳定学习机有多元线性回归算法、决策树、分类回归树、神经网络等；而稳定学习机只能产生预测差异较小的模型，即对数据不敏感或依赖性弱 [55]，常见的稳定学习机有 SVM、K-最近邻算法、朴素贝叶斯分类器等。关于基学习机（机器学习算法）的稳定性问题，已有许多学者进行了理论研究 [116]。

Breiman 指出要使得 Bagging 有效，基学习机必须是不稳定的，对数据越敏感，Bagging 的效果越好，因此对于多元线性回归算法、分类回归树和神经网络，Bagging 是相当有效的 [55]。随后许多学者对 Bagging 进行了改进，使其对稳定学习机同样有效 [117]。Ting 等 [106] 指出，如果一种集成算法既对不稳定学习机有效，也对稳定学习机有效，那么该集成算法就是一种"通用型"的集成方法。除 Bagging 之外，常见的"通用型"集成方法还有 Boosting、随机子空间法以及 Feating [106] 等。值得注意的是，这里所说的"通用型"，并非指集成方法对所有的基学习机都有效，而是指集成模型的有效性不受学习算法对数据敏感度或依赖性的影响。

FSE 模型具有并行的运行结构，子模型之间并不存在"提升"的关系，这一点与 Bagging 更相似。本书将结合风洞试验大数据的特点，借鉴 Bagging 的基学习机研究方式，即根据对数据的依赖性，从不稳定学习机和稳定学习机两方面考察 FSE 方法的集成效果。

4.2　基于不稳定学习机的 FSE 马赫数模型

在不稳定学习机中，常见的适合于回归问题的基学习机有：多元线性回归算法、回归树以及 BP 神经网络。

针对大数据集，首先推荐的是简单学习算法：多元线性回归算法和回归树。多元线性回归算法建立的是全局模型，它以简单的线性形式描述整个数据空间，当数据包含多个变量，而且变量之间具有复杂的非线性关系时，难以实现精确预测。回归树通过分段线性化的形式描述输入、输出变量之间的非线性关系，相对于多元线性回归算法，预测精度有所提高。回归树有简单、快速等优点，但泛化能力差。

风洞试验数据的输入特征维数高，且输入、输出变量之间存在着很强的非线性关系，简单的线性基学习机，无法完全描述马赫数的强非线性特性，难以实现精确预测。因此，本书选择非线性学习能力强的 BP 神经网络为代表，研究 FSE 方法对不稳定学习机的有效性问题。

4.2.1　BP 神经网络

BP 神 经 网 络 又 称 多 层 反 馈 神 经 网 络 （Multilayer Feed‑forward Neural Networks[76]），是神经网络中应用最为广泛的一种网络。BP 网络的拓扑结构包括输入层（Input）、隐含层（Hide Layer）和输出层（Output Layer）。输出层神经元个数由样本的输出特征维数决定。隐含层的层数和每层的神经元个数反映了 BP 网络的复杂程度[37]。文献[118]证明，只有一层 Sigmoid 或线性隐含层的 BP 网络，在隐含层神经元个数足够多的条件下，足以描述任意输入、输出变量之间的非线性函数关系。

Sigmoid（S 型）函数为[76]：

$$f(X) = \frac{1}{1 + e^{-aX}}, \quad a > 0 \tag{4-1}$$

线性函数为：

$$f(X) = X \tag{4-2}$$

为了降低模型复杂度，缩短建模及预测时间，本书只考虑单隐含层BP网络。图4-1所示为具有多输入、单输出的单隐含层前馈BP网络的拓扑结构，各层之间实行全连接。设 $X = \left(x_1, x_2, \cdots, x_n \right)^{\mathrm{T}}$ 为输入特征向量，各分量为 $x_i = $ ， $i = 1, 2, \cdots, n$ ， ω_{ij} 为 x_i 到隐含层神经元 s_j 的权值， θ_j 为隐含层神经元 s_j 的阈值； Y 为输出量， ν_{jY} 为 s_j 到输出层的连接权值， θ_Y 为输出神经元的阈值； $f(\cdot)$ 为激励函数，隐含层采用S型函数；输出层激励函数为S型函数或线性函数。

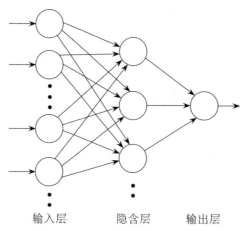

输入层　　　　　隐含层　　　　输出层

图4-1　单隐含层BP网络结构

图4-1所示的BP网络模型的表达式为：

隐含层：

$$s_j = f\left(\sum_{i=1}^{n} \omega_{ij} x_i - \theta_j \right) \tag{4-3}$$

输出层：

$$Y = f\left(\sum_{j} \nu_{jY} - \theta_Y \right) \tag{4-4}$$

BP网络的输入、输出关系是一个高度非线性映射关系，如果输入节点个数为 n ，输出节点个数为 1，则 BP 网络是从 n 维欧式空间到 1 维欧式空间的映射。

4.2.2 FSE-BPs 马赫数模型

本节针对三种工况，建立 FSE-BPs 马赫数预测模型。模型评价指标及实验数据参见 3.2 节。数据归一化处理到 [0，1]。本节进行两项对比实验：一是将 FSE-BPs 模型与单一 BP 模型进行对比，证明 FSE 方法对不稳定学习机的有效性，即相对于单一 BP，FSE 方法能够降低模型复杂度，提高马赫数的预测速度及精度；二是将 FSE-BPs 模型与 FSE-RTs 模型进行对比，证明采用相同的 FSE 结构，同属于不稳定基学习机，非线性强学习机 BP 网络比线性弱学习机回归树（RT）更具优势，即在马赫数预测速度及精度上，FSE-BPs 模型都优于 FSE-RTs 模型。

（1）FSE-BPs 模型建立

首先，确定 FSE 模型结构。目前还没有比较严谨的理论依据来确定 h^* 的取值，而本书通过实验的方式发现当 $h^* = 2$ 时，总压、静压非线性函数都可以获得很好的拟合效果。考虑到子模型的个数问题，在构建特征子集时，保留所有的 1 维特征子集，并从 $C_{30}^2 = 435$ 个 2 维特征子集中随机选取 22 个。因此，总压、静压 FSE 模型各包含 $P = 52$ 个子模型。

其次，建立 BP 子模型。所有 BP 子模型的隐含层神经元个数都为 1，而单一 BP 模型的隐含层神经元个数为 10。所有 BP 模型都以 S 型函数为神经元的激励函数；误差界限值为 10^{-4}；学习速率 $\eta = 0.01$。考虑到局部极小问题，所有 BP 模型都重复训练 5 次，选用训练误差最小的。FSE-RTs 模型的集成结构与 FSE-BPs 模型的集成结构相同，FSE-RTs 总压、静压模型各包含 $P = 52$ 个子模型，任一回归树子模型都不考虑树的修剪算法。当叶节点最少样本个数 $\theta = 5$ 时，能获得较好的预测精度。

FSE-BPs、单一 BP 和 FSE-RTs 总压、静压和马赫数模型的训练结果见表 4-1。FSE-BPs 总压、静压模型的训练时间少于单一 BP 总压、静压模型的训练时间，但多于 FSE-RTs 总压、静压模型的训练时间。FSE-BPs 总压、静压模型的训练集 RMSE 低于单一 BP 总压、静压模型的训练集 RMSE，但高于 FSE-RTs 总压、静压模型的训练集 RMSE。FSE-BPs 马赫数模型的训练集 RMSE 明显低于单一 BP 马赫数模型的训练集 RMSE，略高于 FSE-RTs 马赫数模型的训练集 RMSE；FSE-BPs 马赫数模型和 FSE-

RTs马赫数模型的训练集RMSE都低于0.002，满足工程上马赫数预测精度的要求。而单一BP马赫数模型不能满足马赫数预测精度的要求。

表4-1 　FSE-BPs、单一BP和FSE-RTs模型的训练结果

预估器	总压 （KPa）		静压 （KPa）		马赫数
	RMSE	时间（s）	RMSE	时间（s）	RMSE
FSE-BPs	0.0215	119.6	0.0194	112.8	0.0009
单一BP	0.0381	134.5	0.0372	138.2	0.0022
FSE-RTs	0.0165	6.3	0.0143	6.2	0.0007

（2）分工况测试

①工况1：$Ma = 0.6$、$P_o = 110Kpa$。工况1下，FSE-BPs、单一BP和FSE-RTs总压、静压模型的测试时间见表4-2。FSE-BPs总压、静压模型的测试时间最少，都为0.0284s~0.0305s。单一BP总压、静压模型的测试时间分别为0.1250s~0.1560s和0.1250s~0.1570s，约为FSE-BPs总压、静压模型测试时间的4.4~5.1倍；FSE-RTs总压、静压模型的测试时间分别为0.0568s~0.0597s和0.0568s~0.0582s，约为FSE-BPs总压、静压模型测试时间的1.8~2倍。

表4-2 　工况1下FSE-BPs、单一BP和FSE-RTs模型的测试时间（s）

#数据集	FSE-BPs		单一BP		FSE-RTs	
	总压	静压	总压	静压	总压	静压
4	0.0291	0.0291	0.1400	0.1410	0.0583	0.0582
5	0.0284	**0.0284**	**0.1250**	**0.1250**	**0.0568**	0.0575
6	0.0291	0.0291	0.1410	**0.1570**	0.0582	0.0575
7	**0.0284**	0.0284	0.1400	0.1400	0.0582	0.0575
8	0.0299	0.0298	0.1250	0.1410	0.0590	0.0575
9	0.0298	0.0291	0.1250	0.1400	**0.0597**	0.0575
10	0.0291	0.0291	0.1250	0.1250	0.0568	**0.0568**
11	**0.0305**	**0.0305**	**0.1560**	0.1400	0.0596	**0.0582**
12	0.0291	0.0291	0.1400	0.1410	0.0590	0.0575
13	0.0291	0.0291	0.1410	0.1400	0.0582	0.0575
14	0.0291	0.0291	0.1400	0.1400	0.0575	0.0575
15	0.0291	0.0291	0.1410	0.1410	0.0590	0.0582

工况1下，FSE-BPs、单一BP和FSE-RTs总压、静压和马赫数模型

的测试集 RMSE 见表 4-3。FSE-BPs 总压模型的测试集 RMSE 为 0.0199~0.0399，低于 FSE-RTs 总压模型的测试集 RMSE 的 0.0298~0.0545，但高于单一 BP 总压模型的测试集 RMSE 的 0.0199~0.0231。FSE-BPs 静压模型的测试集 RMSE 为 0.0165~0.0247，低于单一 BP 静压模型的测试集 RMSE 的 0.0304~0.0357 和 FSE-RTs 静压模型的测试集 RMSE 的 0.0291~0.0339。

表4-3 工况1下FSE-BPs、单一BP和FSE-RTs模型的测试集RMSE

#数据集	FSE-BPs		
	总压（KPa）	静压（KPa）	马赫数
4	0.0226	**0.0247**	**0.0010**
5	0.0205	0.0247	0.0009
6	0.0241	0.0173	0.0008
7	0.0206	0.0198	**0.0007**
8	0.0246	0.0202	0.0007
9	0.0213	**0.0165**	0.0007
10	0.0204	0.0242	0.0008
11	0.0227	0.0178	0.0008
12	0.0206	0.0183	0.0007
13	**0.0199**	0.0172	0.0007
14	**0.0399**	0.0185	0.0008
15	0.0206	0.0194	0.0007
#数据集	单一BP		
	总压（KPa）	静压（KPa）	马赫数
4	0.0221	0.0313	0.0021
5	0.0218	0.0320	0.0022
6	0.0208	**0.0304**	0.0021
7	0.0221	0.0327	0.0019
8	**0.0231**	0.0311	**0.0016**
9	**0.0199**	0.0305	0.0020
10	0.0202	0.0312	0.0021
11	0.0222	0.0304	0.0021
12	0.0221	**0.0357**	0.0020
13	0.0202	0.0345	**0.0023**
14	0.0209	0.0339	0.0018
15	0.0219	0.0339	0.0023

续表

#数据集	FSE-RTs		
	总压（KPa）	静压（KPa）	马赫数
4	0.0376	0.0292	**0.0035**
5	0.0336	0.0292	0.0027
6	0.0440	0.0324	0.0016
7	0.0332	0.0294	0.0014
8	0.0362	0.0315	**0.0012**
9	0.0366	0.0328	0.0019
10	**0.0298**	0.0310	0.0022
11	0.0505	**0.0339**	0.0021
12	0.0378	0.0327	0.0014
13	0.0300	0.0305	0.0017
14	**0.0545**	**0.0291**	0.0013
15	0.0361	0.0334	0.0012

  FSE-BPs 马赫数模型的测试集 RMSE 为 0.0007~0.0010，低于单一 BP 马赫数模型的测试集 RMSE 的 0.0016~0.0023 和 FSE-RTs 马赫数模型的测试集 RMSE 的 0.0012~0.0035。

  ②工况 2：$Ma = 0.85$、$P_o = 130$Kpa。工况 2 下，FSE-BPs、单一 BP 和 FSE-RTs 总压、静压模型的测试时间见表 4-4。FSE-BPs 总压、静压模型的测试时间最少，分别为 0.0277s~0.0298s 和 0.0270s~0.0299s。单一 BP 总压、静压模型的测试时间都为 0.1250s~0.1410s，约为 FSE-BPs 总压、静压模型测试时间的 4.7 倍。FSE-RTs 总压、静压模型的测试时间分别为 0.0568s~0.0654s 和 0.0561s~0.0654s，约为 FSE-BPs 总压、静压模型测试时间的 2 倍。工况 2 下，FSE-BPs、单一 BP 和 FSE-RTs 总压、静压和马赫数模型的测试集 RMSE 见表 4-5。FSE-BPs 总压模型的测试集 RMSE 为 0.0229~0.0272，低于单一 BP 总压模型的测试集 RMSE 的 0.0522~0.0748 和 FSE-RTs 总压模型的测试集 RMSE 的 0.0324~0.0501。

表4-4　工况2下FSE-BPs、单一BP和FSE-RTs模型的测试时间（s）

#数据集	FSE-BPs		单一BP		FSE-RTs	
	总压	静压	总压	静压	总压	静压
4	0.0291	0.0291	**0.1410**	**0.1410**	0.0590	0.0575
5	0.0291	0.0277	0.1400	0.1410	**0.0568**	**0.0561**
6	0.0284	0.0284	0.1410	0.1410	**0.0654**	**0.0654**
7	0.0291	0.0277	0.1400	0.1250	0.0575	0.0561
8	0.0284	0.0284	0.1410	0.1410	0.0582	0.0561
9	0.0284	0.0284	0.1410	0.1410	0.0582	0.0561
10	**0.0277**	0.0277	0.1410	0.1410	0.0575	0.0561
11	0.0291	0.0277	0.1410	**0.1250**	0.0583	0.0568
12	0.0284	**0.0270**	0.1410	0.1410	0.0582	0.0561
13	0.0284	0.0284	0.1400	0.1410	0.0583	0.0575
14	**0.0298**	0.0284	**0.1250**	0.1400	0.0590	0.0582
15	0.0291	**0.0299**	0.1410	0.1410	0.0618	0.0618

　　FSE-BPs静压模型的测试集RMSE为0.0196~0.0263，低于单一BP静压模型的测试集RMSE的0.0282~0.0320和FSE-RTs静压模型的测试集RMSE的0.0282~0.0321。FSE-BPs马赫数模型的测试集RMSE为0.0007~0.0012，低于单一BP马赫数模型的测试集RMSE的0.0015~0.0022和FSE-RTs马赫数模型的测试集RMSE的0.0008~0.0028。

表4-5　工况2下FSE-BPs、单一BP和FSE-RTs模型的测试集RMSE

#数据集	FSE-BPs		
	总压（KPa）	静压（KPa）	马赫数
4	0.0237	0.0236	**0.0007**
5	0.0239	0.0205	0.0007
6	0.0240	0.0210	0.0009
7	0.0241	0.0242	0.0008
8	0.0271	**0.0263**	0.0007
9	0.0250	0.0244	**0.0012**
10	**0.0272**	0.0242	0.0009
11	0.0269	0.0210	0.0008
12	0.0246	0.0242	0.0009
13	0.0230	0.0203	0.0008
14	**0.0229**	**0.0196**	0.0010
15	0.0252	0.0225	0.0008

续表

#数据集	单一BP		
	总压（KPa）	静压（KPa）	马赫数
4	0.0669	0.0306	0.0018
5	0.0535	0.0305	0.0019
6	**0.0522**	0.0301	0.0016
7	0.0602	0.0305	**0.0022**
8	0.0639	**0.0320**	0.0018
9	0.0686	0.0317	0.0022
10	**0.0748**	0.0320	0.0020
11	0.0542	0.0305	0.0017
12	0.0614	0.0312	0.0021
13	0.0536	0.0299	**0.0015**
14	0.0528	**0.0282**	0.0018
15	0.0541	0.0296	0.0015

#数据集	FSE-RTs		
	总压（KPa）	静压（KPa）	马赫数
4	0.0421	0.0296	0.0013
5	0.0368	0.0284	**0.0008**
6	0.0329	0.0291	0.0009
7	0.0361	0.0312	**0.0028**
8	0.0382	0.0313	0.0019
9	0.0429	0.0288	0.0015
10	**0.0501**	0.0311	0.0012
11	0.0337	**0.0282**	0.0012
12	0.0427	0.0294	0.0010
13	**0.0324**	**0.0321**	0.0014
14	0.0385	0.0284	0.0015
15	0.0366	0.0305	0.0010

③工况3：$Ma = 0.54$、$P_o = 110$Kpa。工况3下，FSE-BPs、单一BP和Bagging总压、静压模型的测试时间见表4-6。FSE-BPs总压、静压模型的测试时间最少，分别为0.0255s~0.0263s和0.0249s~0.0263s。单一BP总压、静压模型的测试时间都为0.1090s~0.1250s，约为FSE-BPs总

压、静压模型测试时间的4.7倍。FSE-RTs总压、静压模型的测试时间分别为0.0519s~0.0540s和0.0519s~0.0533s，约为FSE-BPs总压、静压模型测试时间的2倍。

表4-6　工况3下FSE-BPs、单一BP和FSE-RTs模型的测试时间（s）

#数据集	FSE-BPs		单一BP		FSE-RTs	
	总压	静压	总压	静压	总压	静压
4	**0.0263**	**0.0263**	**0.1250**	**0.1250**	0.0525	0.0525
5	0.0263	0.0263	0.1250	0.1250	0.0525	0.0525
6	**0.0255**	0.0255	0.1250	0.1250	0.0525	**0.0533**
7	0.0256	**0.0249**	0.1250	0.1100	0.0533	0.0525
8	0.0255	0.0255	0.1250	**0.1090**	**0.0519**	**0.0519**
9	0.0255	0.0255	0.1100	0.1250	**0.0540**	0.0519
10	0.0263	0.0256	0.1250	0.1250	0.0525	0.0529
11	0.0263	0.0255	0.1250	0.1250	0.0525	0.0526
12	0.0263	0.0263	0.1250	0.1250	0.0533	0.0533
13	0.0263	0.0263	0.1100	0.1250	0.0526	0.0525
14	0.0263	0.0263	0.1250	0.1090	0.0525	0.0526
15	0.0256	0.0255	**0.1090**	0.1250	0.0533	0.0525

工况3下，FSE-BPs、单一BP和FSE-RTs总压、静压和马赫数模型的测试集RMSE见表4-7。FSE-BPs总压模型的测试集RMSE为0.0191~0.0331，低于FSE-RTs总压模型的测试集RMSE的0.0268~0.0436，略高于单一BP总压模型的测试集RMSE的0.0207~0.0254。FSE-BPs静压模型的测试集RMSE为0.0175~0.0271，低于单一BP静压模型的测试集RMSE的0.0466~0.0550和FSE-RTs静压模型的测试集RMSE的0.0305~0.0406。FSE-BPs马赫数模型的测试集RMSE为0.0012~0.0019，低于单一BP马赫数模型的测试集RMSE的0.0028~0.0043和FSE-RTs的马赫数模型的测试集RMSE的0.0013~0.0037。

表4-7　工况3下FSE-BPs、单一BP和FSE-RTs模型的测试集RMSE

#数据集	FSE-BPs		
	总压（KPa）	静压（KPa）	马赫数
4	0.0237	**0.0271**	**0.0019**
5	0.0199	0.0220	0.0019
6	0.0194	0.0226	0.0016
7	0.0224	0.0227	0.0016
8	**0.0191**	0.0205	0.0015
9	0.0197	0.0232	0.0015
10	0.0207	0.0182	**0.0012**
11	0.0219	0.0206	0.0012
12	0.0199	**0.0175**	0.0013
13	0.0249	0.0192	0.0017
14	**0.0331**	0.0227	0.0012
15	0.0319	0.0180	0.0018
#数据集	单一BP		
	总压（KPa）	静压（KPa）	马赫数
4	0.0246	0.0482	**0.0043**
5	0.0211	0.0477	0.0037
6	0.0212	0.0482	0.0043
7	**0.0254**	0.0495	0.0038
8	0.0220	0.0487	0.0037
9	0.0210	**0.0466**	0.0033
10	0.0216	0.0514	0.0042
11	0.0228	0.0532	0.0033
12	0.0211	0.0501	**0.0028**
13	0.0251	**0.0550**	0.0041
14	0.0252	0.0533	0.0040
15	**0.0207**	0.0509	0.0040
#数据集	FSE-RTs		
	总压（KPa）	静压（KPa）	马赫数
4	0.0314	0.0332	0.0034
5	**0.0268**	0.0345	0.0031
6	0.0390	0.0352	**0.0037**
7	**0.0436**	0.0346	0.0026
8	0.0384	**0.0406**	0.0026
9	0.0309	**0.0305**	0.0021
10	0.0329	0.0340	0.0033
11	0.0318	0.0321	0.0018
12	0.0359	0.0354	**0.0013**
13	0.0434	0.0317	0.0028
14	0.0383	0.0389	0.0033
15	0.0283	0.0325	0.0032

在三种工况下，FSE-BPs总压、静压模型的测试时间都是最少的，约为单一BP总压、静压模型测试时间的19%~23%；FSE-RTs总压、静压模型测试时间的20%，满足工程上马赫数预测速度的要求，而单一BP和FSE-RTs总压、静压模型的预测时间过长，不利于马赫数控制精度的提高。

在三种工况下，FSE-BPs马赫数模型的测试集RMSE低于0.002，满足工程上马赫数预测精度的要求；而单一BP马赫数模型和FSE-RTs马赫数模型的测试集RMSE都高于0.002，不能满足马赫数预测精度的要求。

4.3 基于稳定学习机的FSE马赫数模型

在稳定学习机中，SVM[113]是最为常见的非线性强学习机。不同于神经网络等以训练误差最小化为优化目标的传统学习算法，SVM基于结构风险最小化（Structural Risk Minimization）准则，即以训练误差作为优化问题的约束条件，以置信范围值最小化为优化目标。因此，它的泛化能力要明显优于神经网络等传统学习算法[119]。

然而，在处理大样本集时，SVM需要较长的计算时间。为加快标准SVM的求解速度，Suykens等提出了最小二乘支持向量机（Least Squares Support Vector Machine，LS-SVM[114]），用等式约束代替不等式约束，仅求解一组等式方程，避免了求解耗时的二次规划问题，但仍不适用于大样本集。LS-SVM在获得核函数矩阵时，使用整个训练集进行运算，随着样本规模的增大，求解矩阵方程的计算量呈指数形式增长。另外，采用的损失函数为误差二次项，使得LS-SVM不再具有标准SVM的稀疏性和鲁棒性[119]。

针对大样本集，Suykens等又提出了fixed-size LS-SVM[114]，它保留了LS-SVM泛化能力强、全局最优解等优点，只需要少量支持向量，在原始空间中直接求解函数估计问题，明显降低了模型的复杂度，并重新获得稀疏性和鲁棒性，测试速度显著提高。

另外，fixed-size LS-SVM中，支持向量的个数受样本输入特征维数的影响。通常输入特征维数越高，需要的支持向量也越多。FSE方法能够明显降低输入特征维数，有助于 fixed-size LS-SVM 进一步提高稀疏性，两者相结合，期望实现"强强联合"，充分发挥它们适合于大数据集的优势。因此，本书以 fixed-size LS-SVM 为代表，研究 FSE 方法对稳定学习机的有效性问题。

4.3.1 固定尺度最小二乘支持向量机

（1）LS-SVM 回归算法

基于 LS-SVM 函数的回归算法简称 LS-SVM 回归算法（LS-SVR）。该算法如下[114, 120]：已知训练集 $L_{Train} = \left\{ \left(X_k, Y_k \right) \right\}_{k=1}^{N}$，$X = \{x_1, x_2, \cdots, x_n\} \in \mathbb{R}^n$，$Y \in \mathbb{R}$，其中，$X_k$ 是输入，Y_k 是输出，N 表示训练样本个数，n 表示输入特征维数。LS-SVR 模型的目标是在原始权空间（Primal Weight Space）中构造一个如下形式的函数[114, 120]：

$$y(X) = \omega^T \varphi(X) + b \tag{4-5}$$

使得样本 X 对应的函数值 y 能够用 $y(X)$ 近似。这里，非线性函数 $\varphi(\cdot): \mathbb{R}^n \to \mathbb{R}^{n_h}$ 将输入数据映射为高维特征空间。

LS-SVR 就是要在原始权空间中求解下面的优化问题[114, 120]：

$$\min_{\omega, b, e} J(\omega, e) = \frac{1}{2} \omega^T \omega + \gamma \frac{1}{2} \sum_{k=1}^{N} e_k^2 \tag{4-6}$$

$$\text{s.t. } Y_k = \omega^T \varphi(X_k) + b + e_k, \quad k = 1, 2, \cdots, N \tag{4-7}$$

式中，误差变量 $e_k \in \mathbb{R}$；b 是偏差量；γ 是可调常数。相对于常用的 ε 不敏感损失函数，LS-SVM 不再需要指定逼近精度，而是以误差的二次项 e_k^2 作为优化目标中的损失函数。

其对偶问题的拉格朗日（Lagrange）多项式为[114, 120]：

$$L(\omega, b, e; \alpha) = J(\omega, e) - \sum_{k=1}^{N} \alpha_k \left[\omega^T \varphi(X_k) + b + e_k - Y_k \right] \tag{4-8}$$

式中，$\alpha_k \in \mathbb{R}$ 为拉格朗日乘子。最优解（KTT）条件为[114, 120]：

$$\begin{cases} \dfrac{\partial L}{\partial \omega} = 0 \Rightarrow \omega = \sum_{k=1}^{N} \alpha_k \varphi(X_k) \\ \dfrac{\partial L}{\partial b} = 0 \Rightarrow b = \sum_{k=1}^{N} \alpha_k = 0 \\ \dfrac{\partial L}{\partial e_k} = 0 \Rightarrow \alpha_k = \gamma e_k, \quad k = 1, 2, \cdots, N \\ \dfrac{\partial L}{\partial \alpha_k} = 0 \Rightarrow \omega^T \varphi(X_k) + b + e_k - Y_k = 0, \quad k = 1, 2, \cdots, N \end{cases} \tag{4-9}$$

式（4-9）可以写成如下的线性方程组[114, 120]：

$$\begin{bmatrix} I & 0 & 0 & -Z^T \\ 0 & 0 & 0 & -1_v^T \\ 0 & 0 & \gamma I & -I \\ Z & 1_v & I & 0 \end{bmatrix} \begin{bmatrix} \omega \\ b \\ e \\ \alpha \end{bmatrix} = \begin{bmatrix} 0 \\ 0 \\ 0 \\ Y \end{bmatrix} \tag{4-10}$$

式中，$Z = \left[\varphi(X_1); \cdots; \varphi(X_N) \right]$，$Y = \left[Y_1; \cdots; Y_N \right]$，$\alpha = \left[\alpha_1; \cdots; \alpha_N \right]$，$1 = \left[1; \cdots; 1 \right]$。

消去 ω 和 e，再利用 Mercer 条件[114, 120]：

$$\Omega_{kl} = \varphi(X_k)^T \varphi(X_l) = K(X_k, X_l), \quad k, l = 1, \cdots, N \tag{4-11}$$

得到的方程组只与 b，α 有关，这样，方程组（4-10）就转化为[114, 120]：

$$\begin{bmatrix} 0 & 1_v^T \\ 1_v & \Omega + I/\gamma \end{bmatrix} \begin{bmatrix} b \\ \alpha \end{bmatrix} = \begin{bmatrix} 0 \\ Y \end{bmatrix} \tag{4-12}$$

式中，Ω 是核函数矩阵，第 l 行第 k 列的元素为（4-11）。

设 $A = \Omega + \gamma^{-1} I$，由于 A 是一个对称半正定矩阵，A^{-1} 存在。解线性方程组（4-12），得到如下解[120]：

$$\begin{cases} b = \dfrac{1_v^T A^{-1} y}{1_v^T A^{-1} 1_v^T} \\ \alpha = A^{-1}(y - b 1_v) \end{cases} \tag{4-13}$$

用方程组（4-9）中的第一个等式替换式（4-5）中的 ω，并且利用式（4-11），得到 LS-SVR 模型在二重空间中的函数估计为[114, 120]：

$$y(X) = \sum_{k=1}^{N} \alpha_k K(X, X_k) + b \tag{4-14}$$

核函数 $K(X_k, X_l)$ 从原始空间中抽取特征，将原始空间中的样本映射为二重空间（Dual Space）中的一个向量，以解决原始空间中线性不可分的问题，从而使得 LS-SVR 转变为在二重空间中求解一个线性系统问题。

相对于标准 SVM，LS-SVM 避免了求解耗时的二次规划问题，极大地简化了计算，但其仍不适用于大样本集。LS-SVM 在获得核函数矩阵 Ω 时，使用了整个训练集进行运算。随着样本规模的增大，求解式（4-12）矩阵方程的计算量呈指数形式增大。另外，由于采用的损失函数为误差的二次项 e_k^2，在求解问题（4-6）的过程中 $\alpha_k = \gamma e_k$，α_k 中的所有元素都不为零，几乎所有样本都成为支持向量，使得 LS-SVM 不再具有标准 SVM 的稀疏性和鲁棒性[119]。

实际上，大样本集问题更适合在原始权空间中解决，而高维问题则更适合在对偶空间中解决，这是因为在式（4-5）所代表的原始权空间中，未知量 $\omega \in \mathbb{R}^n$，而在式（4-14）所代表的对偶空间中，未知量 $\alpha \in \mathbb{R}^N$[114]。在原始空间中直接对非线性问题进行估计时，关键是要实现非线性映射 $\varphi(\cdot)$ 的精确估计。为此，Suykens 等人[114]采用了 Nyström 方法[121]，该方法的特点是从整个训练集中选择固定个数的样本，即 $M(M \ll N)$ 个样本，组成工作集（Working Set），然后使用由工作集构造的"小"核矩阵来替代由整个训练集构造的"大"核矩阵。当 Nyström 方法应用于 LS-SVM 算法时，工作集中的 M 个样本即为支持向量，因此，这种改进的 LS-SVM 算法被称为 fixed-size LS-SVM。

（2）Nyström 方法

Nyström 方法是从 $N \times N$ 的核矩阵中选择出 $M(M \ll N)$ 行或列对原始核矩阵进行估计。令 $\Omega_{(N, N)} \in \mathbb{R}^{N \times N}$ 表示"大"（原始）核矩阵，$\Omega_{(M, M)} \in \mathbb{R}^{M \times M}$ 表示基于随机样本的"小"核矩阵。对"小"核矩阵 $\Omega_{(M, M)} \in \mathbb{R}^{M \times M}$ 进行特征值分解（Eigenvalue Decomposition）有[114]：

$$\Omega_{(N, N)} \bar{U} = \bar{U} \bar{\Lambda} \tag{4-15}$$

式中，$\bar{\Lambda} = diag\left(\left[\bar{\lambda}_1; \cdots; \bar{\lambda}_M\right]\right)$ 表示由特征值 $\bar{\lambda}_1; \cdots; \bar{\lambda}_M$ 组成的对角矩阵，与其相对应的特征向量为 $\bar{U} = \left[\bar{u}_1; \cdots; \bar{u}_M\right] \in \mathbb{R}^{M \times M}$。

关于特征方程 $\phi_i(X)$ 与特征值 $\bar{\lambda}_i$，$i = 1, \cdots, M$ 的积分公式为[114]：

$$\int K(X', X)\phi_i(X)p(X)dX = \lambda_i \cdot \phi_i(X') \tag{4-16}$$

且有：

$$\hat{\lambda}_i = \frac{1}{M}\overline{\lambda}_i \tag{4-17}$$

$$\hat{\phi}_i(X_k) = \sqrt{M}\,\overline{u}_{ki} \tag{4-18}$$

$$\hat{\phi}_i(X) = \frac{\sqrt{M}}{\overline{\lambda}_i}\sum_{k=1}^{M}\overline{u}_{ki}K(X_k,\ X') \tag{4-19}$$

式中，$\hat{\lambda}_i$，$\hat{\phi}_i(X_k)$ 分别表示 λ_i，$\phi_i(X_k)$ 的估计；$\overline{u}_{ki}$ 表示 $\overline{U}$ 的第 i 行第 k 列的元素，它们可以根据所选择的 M 个样本 X_1，$\cdots$，X_M 获得。

对"大"核矩阵 $\Omega_{(N,\ N)}\in\mathbb{R}^{N\times N}$ 进行特征值分解有[114]：

$$\Omega_{(N,\ N)}\tilde{U} = \tilde{U}\tilde{\Lambda} \tag{4-20}$$

进而有[121]：

$$\tilde{\lambda}_i = \frac{N}{M}\overline{\lambda}_i \tag{4-21}$$

$$\tilde{u}_i = \sqrt{\frac{N}{M}}\frac{1}{\overline{\lambda}_i}\Omega_{(N,\ M)}\overline{u}_i \tag{4-22}$$

$$\Omega_{(N,\ N)} \approx \Omega_{(N,\ M)}\Omega_{(M,\ M)}^{-1}\Omega_{(M,\ N)} \tag{4-23}$$

式中，$\Omega_{(N,\ M)}$ 是从 $\Omega_{(N,\ N)}$ 中获得的大小为 $N\times M$ 的矩阵。

这些观测值将用于估计线性系统[114]：

$$\left(\Omega_{(N,\ N)} + I/\gamma\right)\alpha = Y \tag{4-24}$$

其中考虑到高斯过程回归问题而省略了偏差项。

根据 Sherman-Morrison-Woodbury 公式[122]，有[121]：

$$\alpha = \gamma\left[Y - \tilde{U}\left(I/\gamma + \tilde{\Lambda}\tilde{U}^T\tilde{U}\right)^{-1}\tilde{\Lambda}\tilde{U}^TY\right] \tag{4-25}$$

式中，$\tilde{\Lambda}$，$\tilde{U}$ 可分别通过式（4-21）、式（4-22）得到，式（4-21）、式（4-22）中的 $\overline{\Lambda}$，$\overline{U}$ 基于"小"核矩阵。

（3）fixed-size LS-SVM 算法

通过 Nyström 方法获得 $\varphi(\cdot)$ 的精确估计之后，LS-SVM 在原始权空间中的优化问题（4-6）将转换为求解一个岭回归（Ridge Regression）问题，其形式如下[114]：

$$\min_{\omega,\ b,\ e}J(\omega,\ b) = \frac{1}{2}\omega^T\omega + \gamma\frac{1}{2}\sum_{k=1}^{N}\left\{Y_k - \left[\omega^T\varphi(X_k) + b\right]\right\}^2 \tag{4-26}$$

式中，ω，b 为未知变量。

根据式（4-17）、式（4-18）、式（4-19），得到$\varphi(\cdot)$的 Nyström 估计为[114]：

$$\varphi_i(X') = \sqrt{\bar{\lambda}_i}\,\phi_i(X') = \frac{\sqrt{M}}{\sqrt{\bar{\lambda}_i}}\sum_{k=1}^{M}u_{ki}K(X_k, X'), \quad i = 1, 2, \cdots, M \tag{4-27}$$

因此，需要构造"小"核矩阵$\Omega_{(M, M)} \in \mathbb{R}^{M \times M}$，并对其进行特征值分解，计算出相应的特征方程。这样就可以计算出任意样本X'的$\varphi(X')$函数值。式（4-27）既适用于分类问题，也适用于回归问题。

将式（4-27）代入式（4-5），LS-SVR 模型将转换为如下形式，即 fixed-size LS-SVM 的函数估计为[114]：

$$y(X) = \omega^T\varphi(X) + b = \sum_{k=1}^{M}\omega_i\frac{\sqrt{M}}{\sqrt{\bar{\lambda}_i}}\sum_{k=1}^{M}u_{ki}K(X_k, X) \tag{4-28}$$

fixed-size LS-SVM 的函数估计还可以进一步转化成如下形式[114]：

$$y(X) = \sum_{k=1}^{M}\alpha_k K(X_k, X) \tag{4-29}$$

其中：

$$\alpha_k = \sum_{k=1}^{M}\omega_i\frac{\sqrt{M}}{\sqrt{\bar{\lambda}_i}}u_{ki} \tag{4-30}$$

与M个支持向量相对应。

（4）支持向量的选取方法

采用 fixed-size LS-SVM 算法对非线性函数进行估计时，需要完成两项准备工作：一是M值的确定；二是如何选择M个支持向量。它们对 fixed-size LS-SVM 性能有着重要影响。目前对于一个未知的非线性问题，关于如何确定M值大小还没有严谨的理论依据，但 De Brabanter 等[123] 发现，M的取值对 fixed-size LS-SVM 性能的影响并不十分敏感，可以根据经验给定一个近似值。

给定M值后，关于如何选择M个支持向量，有两种常用方法，即随机选择法和积极选择法[114]。积极选择法又称为 Renyi 熵选择法，其目标是所选出的工作集的 Renyi 熵最大。对于单一 fixed-size LS-SVM 模型，Suykens 等[114] 和 De Brabanter 等[123] 通过实验统计的方式证明，在准确性和泛化性上，采用积极选择法的 fixed-size LS-SVM 要好于采用随机选择法的 fixed-size LS-SVM。当然，积极选择法比随机选择法更复杂一些，消耗的时间也多。另外，采用积极选择法时，需要对 Rényi 熵的核密度函数进行估计，对于高维样本，核密度函数中核宽（Bandwidth）的确定仍然是一个难点。

好的集成模型的建立，不能一味地追求子模型的准确度，还要兼顾子模型的多样性[61]。适当地引入随机扰动，可以增加子模型的多样性，有利于集成模型预测精度的提高[42]。综上，本书采用随机选择法来确定 M 个支持向量，建立 fixed-size LS-SVM 子模型。

4.3.2　FSE fixed-size LS-SVM 马赫数模型

本节针对三种工况，建立 FSE fixed-size LS-SVMs 马赫数预测模型。模型评价指标及实验数据参见 3.2 节。数据归一化处理到［0，1］。本节进行两项对比实验：一是将 FSE fixed-size LS-SVMs 模型与单一 fixed-size LS-SVM 模型进行对比，证明 FSE 方法对稳定学习机的有效性，即相对于单一 fixed-size LS-SVM，FSE 方法能够降低模型的复杂度，提高马赫数的预测速度及精度。二是将 FSE fixed-size LS-SVMs 模型与 FSE-BPs 模型进行对比，证明采用相同的 FSE 集成结构，同属于非线性强学习机，fixed-size LS-SVMs 比 BP 网络更具优势，即在马赫数预测速度及精度上，FSE fixed-size LS-SVMs 模型都优于 FSE-BPs 模型，更适合于预测风洞马赫数。

（1）FSE fixed-size LS-SVMs 模型建立

FSE fixed-size LS-SVMs 模型和 FSE-BPs 模型采用相同的集成结构，总压、静压模型各包含 $P = 52$ 个子模型。所有 fixed-size LS-SVMs 模型都使用 RBF（Radial Basis Function）核函数，核宽为 10^8。任一 fixed-size LS-SVMs 子模型的支持向量个数 $M = 5$。单一 fixed-size LS-SVMs 模型，需要使用 $M = 150$ 个支持向量，是 FSE fixed-size LS-SVMs 子模型的 30 倍。

FSE fixed-size LS-SVMs 和单一 fixed-size LS-SVM 总压、静压和马赫数模型的训练结果见表 4-8；FSE-BPs 总压、静压和马赫数模型的训练结果见表 4-1。FSE fixed-size LS-SVMs 总压、静压模型的训练时间最少。

单一 fixed-size LS-SVM 总压、静压模型的训练时间约为 FSE fixed-size LS-SVMs 总压、静压模型训练时间的 30 倍；FSE-BPs 总压、静压模型的训练时间约为 FSE fixed-size LS-SVMs 总压、静压模型的训练时间的 200 倍。

表4-8 FSE fixed-size LS-SVMs和单一fixed-size LS-SVM模型的训练结果

预估器	总压（KPa）		静压（KPa）		马赫数
	RMSE	时间（s）	RMSE	时间（s）	RMSE
FSE fixed-size LS-SVMs	0.0215	0.545	0.0192	0.531	0.0009
单一fixed-size LS-SVM	0.0215	15.860	0.0189	12.094	0.0009

FSE fixed-size LS-SVMs 总压模型的训练集 RMSE 等于单一 fixed-size LS-SVMs 总压模型和 FSE-BPs 总压模型的训练集 RMSE。FSE fixed-size LS-SVMs 静压模型的训练集 RMSE 低于 FSE-BPs 静压模型的训练集 RMSE，但高于单一 fixed-size LS-SVMs 静压模型的训练集 RMSE。FSE fixed-size LS-SVMs 马赫数模型的训练集 RMSE 等于单一 fixed-size LS-SVM 马赫数模型和 FSE-BPs 马赫数模型的训练集 RMSE，且都低于 0.002。

（2）分工况测试

①工况 1：$Ma = 0.6$、$P_o = 110KPa$。工况 1 下，FSE fixed-size LS-SVMs 和单一 fixed-size LS-SVM 总压、静压模型的测试时间见表 4-9；FSE-BPs 总压、静压模型的测试时间见表 4-2。FSE fixed-size LS-SVMs 总压、静压模型的测试时间最少，分别为 0.0042s~0.0057s 和 0.0042s~0.0071s。单一 fixed-size LS-SVM 总压、静压模型的测试时间分别为 0.1560s~0.1720s 和 0.1400s~0.1560s，约为 FSE fixed-size LS-SVMs 总压、静压模型的测试时间的 22~37 倍。FSE-BPs 总压、静压模型的测试时间都为 0.0284s~0.0305s，约为 FSE fixed-size LS-SVMs 总压、静压模型的测试时间的 4.3~6.8 倍。

表4-9 工况1下FSE fixed-size LS-SVMs和单一fixed-size LS-SVM模型的测试时间（s）

#数据集	FSE fixed-size LS-SVMs		单一 fixed-size LS-SVM	
	总压	静压	总压	静压
4	0.0050	0.0057	0.1710	0.1560
5	0.0050	0.0057	**0.1560**	0.1410
6	**0.0057**	0.0050	**0.1720**	**0.1560**
7	0.0043	0.0057	0.1720	0.1560
8	**0.0042**	0.0050	0.1720	0.1400
9	0.0057	0.0064	0.1750	0.1560
10	0.0050	**0.0042**	0.1560	**0.1400**
11	0.0050	0.0054	0.1720	0.1560
12	0.0057	0.0057	0.1560	0.1560
13	0.0050	**0.0071**	0.1560	0.1400
14	0.0050	0.0057	0.1720	0.1400
15	0.0057	0.0057	0.1720	0.1400

工况1下，FSE fixed-size LS-SVMs和单一fixed-size LS-SVM总压、静压和马赫数模型的测试集RMSE见表4-10；FSE-BPs总压、静压和马赫数模型的测试集RMSE见表4-3。FSE fixed-size LS-SVMs总压模型的测试集RMSE为0.0183~0.0223，低于单一fixed-size LS-SVM总压模型的测试集RMSE的0.0198~0.0285和FSE-BPs总压模型的测试集RMSE的0.0199~0.0399。FSE fixed-size LS-SVMs静压模型的测试集RMSE为0.0163~0.0210，低于单一fixed-size LS-SVM静压模型的测试集RMSE的0.0166~0.0252和FSE-BPs静压模型的测试集RMSE的0.0165~0.0247。FSE fixed-size LS-SVMs马赫数模型的测试集RMSE为0.0007~0.0010，略高于单一fixed-size LS-SVM马赫数模型的测试集RMSE的0.0006~0.0010、等于FSE-BPs马赫数模型的测试集RMSE。

表4-10 　　　　工况1下FSE fixed-size LS-SVMs

和单一fixed-size LS-SVM模型的测试集RMSE

#数据集	FSE fixed-size LS-SVMs		
	总压（KPa）	静压（KPa）	马赫数
4	0.0214	0.0178	**0.0010**
5	0.0207	0.0185	0.0010
6	0.0197	0.0170	0.0008
7	0.0205	0.0189	**0.0007**
8	0.0218	0.0199	0.0007
9	**0.0183**	**0.0163**	0.0008
10	0.0192	0.0174	0.0008
11	0.0209	0.0177	0.0009
12	**0.0223**	**0.0210**	0.0007
13	0.0184	0.0168	0.0007
14	0.0196	0.0185	0.0007
15	0.0200	0.0175	0.0008
#数据集	单一fixed-size LS-SVM		
	总压（KPa）	静压（KPa）	马赫数
4	0.0221	0.0183	0.0009
5	0.0221	0.0189	0.0009
6	0.0220	0.0211	0.0009
7	0.0204	0.0191	**0.0006**
8	0.0229	0.0214	0.0008
9	**0.0198**	0.0175	0.0008
10	0.0204	0.0175	0.0007
11	0.0221	0.0199	0.0009
12	**0.0285**	**0.0252**	0.0007
13	0.0199	**0.0166**	0.0007
14	0.0216	0.0199	**0.0010**
15	0.0199	0.0170	0.0008

②工况2：$Ma = 0.85$、$P_o = 130Kpa$。工况2下，FSE fixed-size LS-SVMs 和单一fixed-size LS-SVM 总压、静压模型的测试时间见表4-11；FSE-BPs总压、静压模型的测试时间见表4-4。FSE fixed-size LS-SVMs 总压、静压模型的测试时间最少，分别为0.0042s~0.0057s和0.0057s~

0.0071s。单一fixed-size LS-SVM总压、静压模型的测试时间分别为0.1400s~0.1720s和0.1250s~0.1570s，约为FSE fixed-size LS-SVMs的22~37倍。FSE-BPs总压、静压模型的测试时间分别为0.0277s~0.0298s和0.0270s~0.0299s，约为FSE fixed-size LS-SVMs总压、静压模型的测试时间的4.2~6.5倍。

表4-11　　　　　工况2下FSE fixed-size LS-SVMs和

单一fixed-size LS-SVM模型的测试时间（s）

#数据集	FSE fixed-size LS-SVMs		单一fixed-size LS-SVM	
	总压	静压	总压	静压
4	0.0050	**0.0057**	0.1720	0.1560
5	0.0050	0.0064	0.1560	0.1410
6	**0.0057**	0.0071	**0.1400**	0.1560
7	0.0050	0.0057	0.1560	0.1410
8	**0.0042**	0.0057	0.1560	0.1410
9	0.0050	0.0057	0.1570	0.1410
10	0.0050	0.0057	0.1560	**0.1250**
11	0.0050	0.0057	0.1570	0.1560
12	0.0057	**0.0071**	0.1560	0.1400
13	0.0057	0.0057	0.1560	0.1410
14	0.0043	0.0057	0.1570	**0.1570**
15	0.0057	0.0071	**0.1720**	0.1560

　　工况2下，FSE fixed-size LS-SVMs和单一fixed-size LS-SVM总压、静压和马赫数模型的测试集RMSE见表4-12；FSE-BPs总压、静压和马赫数模型的测试集RMSE见表4-5。FSE fixed-size LS-SVMs总压模型的测试集RMSE为0.0210~0.0256，低于单一fixed-size LS-SVM总压模型的测试集RMSE的0.0229~0.0657和FSE-BPs总压模型的测试集RMSE的0.0229~0.0272。FSE fixed-size LS-SVMs静压模型的测试集RMSE为0.0175~0.0233，低于单一fixed-size LS-SVM静压模型的测试集RMSE的0.0192~0.0256和FSE-BPs静压模型的测试集RMSE的0.0270~0.0299。FSE fixed-size LS-SVMs马赫数模型的测试集RMSE为0.0006~0.0010，低于单一fixed-size LS-SVM马赫数模型的测试集RMSE的0.0007~0.0015和FSE-BPs马赫数模型的测试集RMSE的0.0007~0.0012。

表4-12 工况2下FSE fixed-size LS-SVMs和
单一fixed-size LS-SVM模型的测试集RMSE

#数据集	FSE fixed-size LS-SVMs		
	总压（KPa）	静压（KPa）	马赫数
4	0.0217	0.0200	0.0007
5	0.0217	0.0194	0.0007
6	0.0241	0.0209	0.0008
7	0.0217	0.0192	0.0008
8	0.0250	0.0222	0.0007
9	0.0227	0.0214	**0.0010**
10	**0.0256**	**0.0233**	0.0008
11	0.0233	0.0206	0.0008
12	**0.0210**	**0.0175**	0.0008
13	0.0232	0.0203	**0.0006**
14	0.0227	0.0194	0.0009
15	0.0251	0.0194	0.0006
#数据集	单一fixed-size LS-SVM		
	总压（KPa）	静压（KPa）	马赫数
4	0.0463	0.0231	0.0010
5	0.0230	0.0197	0.0008
6	0.0240	0.0205	0.0009
7	0.0315	0.0205	0.0011
8	0.0382	0.0253	0.0009
9	0.0504	0.0234	**0.0015**
10	**0.0657**	**0.0256**	0.0015
11	0.0243	0.0205	0.0008
12	0.0335	0.0225	0.0012
13	0.0246	0.0201	**0.0007**
14	**0.0229**	**0.0192**	0.0009
15	0.0254	0.0221	0.0009

③工况 3：$Ma = 0.54$、$P_o = 110Kpa$。工况 3 下，FSE fixed-size LS-SVMs、单一 fixed-size LS-SVM 和 FSE-RTs 总压、静压模型的测试时间见表4-13；FSE-BPs总压、静压模型的测试时间见表4-6。FSE fixed-size LS-SVMs总压、静压模型的测试时间最少，分别为 0.0021s~0.0029s 和 0.0018s~0.0035s。单一 fixed-size LS-SVM 总压、静压模型的测试时间分别为 0.0620s~0.0780s 和 0.0620s~0.0790s，约为 FSE fixed-size LS-SVMs总压、静压模型的测试时间的 22~30 倍。FSE-BPs 总压、静压模型的测试时间分别为 0.0255s~0.0263s 和 0.0249s~0.0263s，约为 FSE fixed-size LS-SVMs总压、静压模型的测试时间的 7.5~12 倍。

表4-13　　　　工况3下FSE fixed-size LS-SVMs和
单一fixed-size LS-SVM模型的测试时间（s）

#数据集	FSE fixed-size LS-SVMs		单一 fixed-size LS-SVM	
	总压	静压	总压	静压
4	0.0028	0.0029	0.0630	0.0780
5	0.0028	0.0028	**0.0620**	0.0790
6	**0.0021**	0.0029	**0.0780**	**0.0790**
7	0.0028	0.0021	0.0620	**0.0620**
8	**0.0029**	**0.0018**	0.0630	0.0620
9	0.0029	0.0029	0.0620	0.0620
10	0.0029	0.0021	0.0620	0.0780
11	0.0021	0.0029	0.0630	0.0620
12	0.0021	0.0028	0.0630	0.0630
13	0.0029	0.0029	0.0620	0.0780
14	0.0029	0.0029	0.0780	0.0780
15	0.0029	**0.0035**	0.0630	0.0630

工况 3 下，FSE fixed-size LS-SVMs 和单一 fixed-size LS-SVM 总压、

静压和马赫数模型的测试集 RMSE 见表 4-14；FSE-BPs 总压、静压和马赫数模型的测试集 RMSE 见表 4-7。FSE fixed-size LS-SVMs 总压模型的测试集 RMSE 为 0.0196~0.0269，低于单一 fixed-size LS-SVM 总压模型的测试集 RMSE 的 0.0194~0.0420 和 FSE-BPs 总压模型的测试集 RMSE 的 0.0191~0.0331。FSE fixed-size LS-SVMs 静压模型的测试集 RMSE 为 0.0169~0.0218，低于单一 fixed-size LS-SVM 静压模型的测试集 RMSE 的 0.0169~0.0490 和 FSE-BPs 静压模型的测试集 RMSE 的 0.0175~0.0271。FSE fixed-size LS-SVMs 马赫数模型的测试集 RMSE 为 0.0013~0.0019，低于单一 fixed-size LS-SVM 马赫数模型的测试集 RMSE 的 0.0012~0.0029，略高于 FSE-BPs 马赫数模型的测试集 RMSE 的 0.0012~0.0019。

表4-14　　　工况3下FSE fixed-size LS-SVMs和
单一fixed-size LS-SVM模型的测试集RMSE

#数据集	FSE fixed-size LS-SVMs		
	总压（KPa）	静压（KPa）	马赫数
4	0.0238	**0.0218**	0.0017
5	0.0211	0.0174	0.0015
6	0.0201	0.0171	0.0017
7	**0.0269**	0.0196	0.0015
8	0.0224	0.0169	0.0015
9	**0.0196**	0.0170	0.0014
10	0.0204	0.0188	0.0015
11	0.0218	0.0206	0.0015
12	0.0197	0.0182	**0.0013**
13	0.0247	0.0195	**0.0019**
14	0.0245	0.0218	0.0014
15	0.0196	**0.0169**	0.0016

续表

#数据集	单一 fixed-size LS-SVM		
	总压（KPa）	静压（KPa）	马赫数
4	0.0243	0.0252	0.0017
5	0.0289	0.0208	0.0017
6	0.0248	0.0194	0.0016
7	**0.0420**	**0.0490**	**0.0029**
8	0.0351	0.0308	0.0020
9	0.0200	0.0199	0.0015
10	0.0204	0.0261	0.0020
11	0.0217	0.0216	0.0015
12	0.0194	0.0203	0.0015
13	0.0244	0.0189	0.0019
14	0.0243	0.0216	**0.0012**
15	**0.0194**	**0.0169**	0.0015

在三种工况下，FSE fixed-size LS-SVMs 总压、静压模型的测试时间最少，约为单一 fixed-size LS-SVM 总压、静压模型的测试时间的 2.7%~4.5%，约为 FSE-RTs 总压、静压模型的测试时间的 4%~10.9%，约为 FSE-BPs 总压、静压模型的测试时间的 8.3%~23.8%，满足工程上马赫数预测速度的要求，而单一 fixed-size LS-SVM 总压、静压模型的预测时间过长，不利于马赫数控制精度的提高。

在三种工况下，FSE fixed-size LS-SVMs 总压、静压模型的测试集 RMSE 都低于单一 fixed-size LS-SVM 总压、静压模型和 FSE-BPs 总压、静压模型的测试集 RMSE。FSE fixed-size LS-SVMs 马赫数模型和 FSE-BPs 马赫数模型的测试集 RMSE 都低于 0.002，满足工程上马赫数预测精度的要求。但是，FSE fixed-size LS-SVMs 马赫数模型的预测精度要略高于 FSE-BPs 马赫数模型的预测精度，而 FSE fixed-size LS-SVMs 马赫数模型的预测速度明显高于 FSE-BPs 马赫数模型的预测速度，因此，FSE fixed-size LS-SVMs 马赫数模型比 FSE-BPs 马赫数模型更有优势。在工况3下，单一 fixed-size LS-SVM 马赫数模型的测试集 RMSE 高于 0.002，不能满足马赫数预测精度的要求。

以每种工况下的第 15 组数据集为例，FSE fixed-size LS-SVMs 总压、静压和马赫数模型的预测输出曲线如图 4-2 至图 4-10 所示，其中图（a）为整个测试集的输出曲线，图（b）为局部样本的输出曲线。从图中可以看出，在三种工况的测试集上，FSE fixed-size LS-SVMs 马赫数模型的预测输出曲线能够很好地拟合真实值。

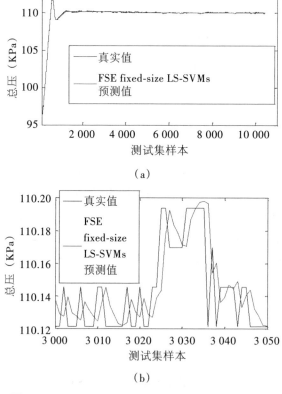

（a）

（b）

图 4-2　工况 1 下 FSE fixed-size LS-SVMs 总压曲线

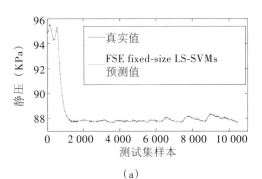

（a）

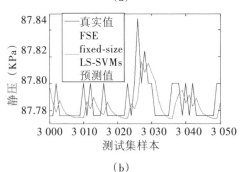

（b）

图4-3 工况1下FSE fixed-size LS-SVMs 静压曲线

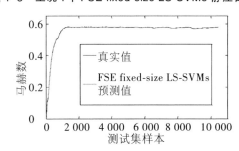

（a）

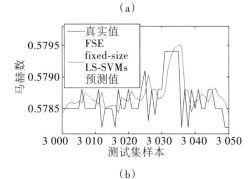

（b）

图4-4 工况1下FSE fixed-size LS-SVMs 马赫数曲线

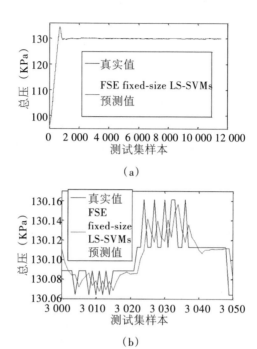

（a）

（b）

图 4-5 工况 2 下 FSE fixed-size LS-SVMs 总压曲线

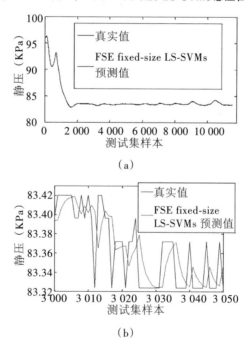

（a）

（b）

图 4-6 工况 2 下 FSE fixed-size LS-SVMs 静压曲线

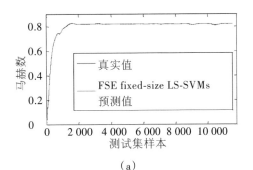

（a）

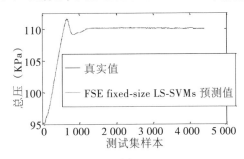

（b）

图4-7 工况2下FSE fixed-size LS-SVMs 马赫数曲线

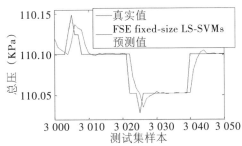

（a）

（b）

图4-8 工况3下FSE fixed-size LS-SVMs总压曲线

96 | 基于大数据的风洞马赫数集成建模方法的研究

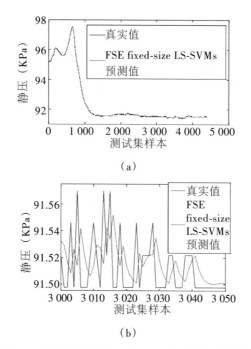

（a）

（b）

图4-9　工况3下FSE fixed-size LS-SVMs 静压曲线

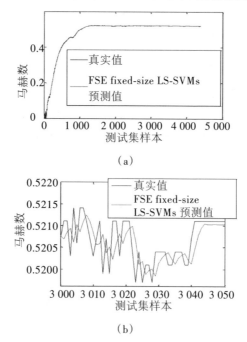

（a）

（b）

图4-10　工况3下FSE fixed-size LS-SVMs 马赫数曲线

4.4　本章小结

合适的基学习机能够帮助 FSE 模型提高预测精度，有利于解决大数据值密度低的问题。本章面向大数据集，分别以不稳定学习机 BP 网络和稳定学习机 fixed-size LS-SVM 为代表，研究了 FSE 方法对不稳定学习机和稳定学习机的有效性问题。实验表明，相对于单一模型，FSE 方法能够显著降低模型复杂度，提高预测精度，满足工程上马赫数预测速度及精度的要求。基于 FSE 结构，在马赫数的预测速度及精度上：同属于不稳定学习机，非线性强学习机 BP 网络比线性弱学习机回归树更具优势；同属于非线性强学习机，fixed-size LS-SVMs 比 BP 网络更具优势。FSE fixed-size LS-SVMs 马赫数预测模型能够进一步改善马赫数的跟踪预测能力，更有利于马赫数控制精度的提高。

5 FSE模型修剪及鲁棒性提升

针对具有样本规模大、输入特征维数高等特点的大数据集，我们以解决多个"小问题"比解决整个"大问题"更容易的思想，研究了集成学习算法，来解决基于大数据的风洞马赫数建模难的问题。

FSE方法在针对风洞试验段马赫数进行预测时表现突出，但是仍存在一些需要解决的问题：

一是可能会产生庞大的子模型集。理论上FSE模型需要建立 $P = \sum_{h=1}^{h^*} C_n^h$ 个子模型，而 P 会随着输入特征维数 n 的增大而增加。过多冗余的子模型会限制FSE模型的应用潜能，因此有必要在保证预测速度及精度的基础上，减少子模型个数。

二是可能会受到噪声数据的不利影响。FSE方法对特征空间进行全面划分，整个训练集会被重复使用，噪声数据也会被重复使用，该特点可能会限制FSE模型的预测性能的提高，因此有必要提升FSE模型的鲁棒性。

5.1 集成修剪

集成修剪（Ensemble Pruning）又称选择性集成（Selective Ensemble），它是在子模型的建立阶段和融合阶段之间又增加的一个阶段，即子模型的选择阶段。

集成修剪具有两方面优越性[124]：一是通过剔除对集成模型预测能力具有负面影响的子模型，可进一步提高集成模型的预测精度；二是去掉冗余的子模型，可降低运算量、加快预测速度。另外，对于FSE等并行集成模型，集成修剪还可减少CPU的使用量，节约成本，有利于在实际应用中推广。

5.1.1 修剪算法

周志华等[125]首次提出了"集成修剪"的概念，并从理论分析和仿真实验上证明，从已建立的子模型中剔除作用不大和性能不好的子模型，只挑选部分子模型构建集成模型，可以得到更好的预测效果。随后，关于集成修剪算法的研究引起了学者们的广泛关注，并提出了一些有效的算法。值得强调的是，集成修剪是在假设已生成多个子模型的前提下，通过修剪算法或选择策略，从已有子模型中挑选出一部分来构建最终的集成模型。换句话说，集成修剪在选择子模型的过程中，不会再产生新的子模型[126]。根据选择策略，常用的集成修剪算法可分为迭代优化法和排序法两大类。

（1）迭代优化法

迭代优化法的核心是如何将子模型的修剪问题表示成一个优化问题，受限于优化方法的特性，该类方法的收敛速度均较慢[126]，例如采用穷举法则存在组合爆炸的问题。因此，许多学者将集成修剪问题转换成一个逐步求优的问题，以便在较短时间内获得问题的近似最优解[124]。爬山法也是将集成修剪问题视为一个逐步求优的搜索过程，不过它的每一次搜索都建立在对前一次搜索评估的基础之上，因此搜索空间可以迅速缩小，速度也大为提高[124]。根据搜索方向，爬山法分为前向选择（Forword Selection）和向后消除（Backword Elimination）两种[124]。由于爬山法计算速度较快，因此得到了广泛关注。

（2）排序法

排序（Ordered）法采用某种特定函数对所有子集模型进行评估，排列子模型，然后按排列次序修剪子集模型，该法的最大优势在于子模型的选择速度快[124]。根据排序准则，排序法分为基于预测精度的修剪法和基于多样性的修剪法[127]。预测精度修剪法中，预测精度指的是子模型的预测准确度，该类方法的典型代表为Reduce-Error修剪法。但是实验证明，预测精度高的子模型并不能保证集成模型也具有较高的预测精度[124]。

多样性修剪法通过度量子模型之间的多样性，使得所选的子模型具有互补性，避免它们的优势互相抵消，进而提升集成模型的预测精度[124, 127]，该类方法的典型代表为Kappa修剪法[128]。然而，Kappa修剪法只考虑两两（Pair-wise）子模型之间的多样性，而非所有被选中的子模型的整体多样性，通常经过该法修剪的集成模型的预测精度会有所下降。子模型的准确性和多样性是集成模型有效的关键因素[61]，Reduce-Error修剪法和Kappa修剪法都只是考虑了单方面因素，因此在提升集成模型的预测精度上受到一定程度的限制。

5.1.2　基于最大熵的集成修剪算法

本节致力于研究一种排序的、基于最大熵的集成修剪（Maximum Entropy based Ensemble Pruning， MEP）算法。首先，按误差从小到大排列子模型，以误差最小的 P^* 个子模型作为初始工作集（Working Set）；然后，以工作集熵值最大为准则，不断替换工作集中的子集模型。MEP算法充分利用了子模型的预测精度和多样性，能够进一步提高集成模型的预测精度。

（1）MEP算法

假设 $\{f_1(X), \cdots, f_P(X)\}$ 为已建立的子模型，又称为子模型池（Pool of Sub-models），修剪后保留了 $P^*(P^* < P)$ 个子模型 $\{\tilde{f}_1(X), \cdots, \tilde{f}_{P^*}(X)\}$，

有 $\left\{\check{f}_i(X)\right\}_{i=1}^{P^*} \subset \left\{f_i(X)\right\}_{i=1}^{P}$。令 $\left[\hat{f}_1,\ \hat{f}_2,\ \cdots,\ \hat{f}_P\right]^{\mathrm{T}} \in \mathbb{R}^{P \times S}$ 表示模型池在选择数据集 $L_s = \left\{\left(X_k,\ Y_k\right)\right\}_{k=1}^{S}$ 上的预测输出矩阵，其中，S 表示样本个数。

$H_{P^*}\left(\hat{f}\right)$ 表示修剪后子模型集的二次 Rényi 熵（Quadratic Rényi Entropy[129]）。MEP 算法的有效性依赖于修剪后子模型集包含的信息量的多少。换句话说，MEP 算法的目标是从 $\left[\hat{f}_1,\ \hat{f}_2,\ \cdots,\ \hat{f}_P\right]^{\mathrm{T}} \in \mathbb{R}^{P \times S}$ 中抽取 $P^*\left(P^* < P\right)$ 行，使得这 P^* 行预测输出的 $H_{P^*}\left(\hat{f}\right)$ 值最大。

二次 Rényi 熵定义如下[129]：

$$H_\rho^q\left(f\right) = -\log \int \rho\left(f\right)^q df \tag{5-1}$$

式中，ρ 表示多元概率密度分布函数。根据 Kernel PCA 和密度估计，得[123, 130]：

$$\hat{\rho}\left(f\right) = \frac{1}{S\left|D\right|} \sum_{i=1}^{S} \kappa\left\{D^{-1}\left(f - f_i\right)\right\} \tag{5-2}$$

式中，$\left|\cdot\right|$ 表示行列式（Determinant），$D = diag\left(\lambda_1,\ \lambda_2,\ \cdots,\ \lambda_S\right)$，核函数 $\kappa: \mathbb{R}^S \to \mathbb{R}$，满足 $\int \kappa\left(u\right) du = 1$。

P^* 个子模型的预测输出矩阵的二次 Rényi 熵估计值为：

$$\hat{H}_{P^*}^2\left(\hat{f}\right) = -\log \frac{1}{\left(P^*\right)^2\left|D\right|^2} \sum_{k=1}^{P^*} \sum_{l=1}^{P^*} \kappa\left\{\left(D\sqrt{2}\right)^{-1}\left(\hat{f}_k - \hat{f}_l\right)\right\} \tag{5-3}$$

排序法（包括 MEP 算法）的一个重要问题是如何确定最终获得的目标集成模型的大小[124]，即最终使用的子模型的个数。最简单的方法是，预设目标集成模型的大小或被选子模型个数占子模型总数的百分比；另一种方法是，预设某种度量准则（如预测精度等）的阈值，只有达到该阈值的子模型才能被入选[124]。结合风洞试验大数据的特点，为了避免过重的计算负担，本书使用最简单的方法，即预设目标集成模型的大小。

MEP 算法如下：

第 1 步：已知 $\left\{f_1(X),\ \cdots,\ f_P(X)\right\}$ 表示已建立的 P 个子模型（子模型池），$L_S = \left\{\left(X_k,\ Y_k\right)\right\}_{k=1}^{S}$ 表示选择数据集，其中，S 表示样本个数。令

$\left[\hat{f}_1, \hat{f}_2, \cdots, \hat{f}_P\right]^{\mathrm{T}} \in \mathbb{R}^{P \times s}$ 表示子模型池在 L_s 上的预测输出矩阵。

第2步：根据子模型误差（RMSE 或 MSE），从小到大排列子模型。排序后的子模型的预测输出矩阵为 $\left[\check{f}_1, \check{f}_2, \cdots, \check{f}_P\right]^{\mathrm{T}} \in \mathbb{R}^{P \times s}$。

第 3 步：预设 $P^*(P^* < P)$ 值，将子模型预测输出矩阵 $\left[\check{f}_1, \check{f}_2, \cdots, \check{f}_P\right]^{\mathrm{T}} \in \mathbb{R}^{P \times s}$ 的前 P^* 行 $\left[\check{f}_1, \check{f}_2, \cdots, \check{f}_{P^*}\right]^{\mathrm{T}} \in \mathbb{R}^{P^* \times s}$ 作为初始工作集，其余行 $\left[\check{f}_{P^*+1}, \check{f}_{P^*+2}, \cdots, \check{f}_P\right]^{\mathrm{T}} \in \mathbb{R}^{(P-P^*) \times s}$ 作为剩余集（Remainder Set）。

第4步：从工作集中随机选取一行 $\left[\check{f}_k\right]^{\mathrm{T}}$，同时从剩余集中随机选取一行 $\left[\check{f}_l\right]^{\mathrm{T}}$，替换 $\left(\left[\check{f}_k\right]^{\mathrm{T}}, \left[\check{f}_l\right]^{\mathrm{T}}\right)$。

第5步：通过式（5-3）计算替换后的工作集的二次 Rényi 熵值。如果熵值增大，保留 $\left[\check{f}_l\right]^{\mathrm{T}}$ 在工作集中，反之剔除，仍使用原来的 $\left[\check{f}_k\right]^{\mathrm{T}}$。

第6步：如果二次 Rényi 熵变化过小或者迭代次数超出设定值，停止迭代，否则转到第4步。

（2）FSE-MEP 算法

为了保留 FSE 模型输入特征维数低的优势，针对 FSE 模型的修剪问题，主要采取两项措施：一是尽可能降低 h^* 的取值；二是保留最低输入特征维数的子模型。也就是说，保留所有的 $\sum_{h=1}^{h^*-1} C_n^h$ 个 1 维到 $h^* - 1$ 维的子模型，只从 $C_n^{h^*}$ 个 h^* 维子模型中选取一部分。因此，将 $C_n^{h^*}$ 个 h^* 维子模型作为子模型池，从中选取 $P^*(P^* < C_n^{h^*})$ 个，修剪后的 FSE 模型中共包含 $\sum_{h=1}^{h^*-1} C_n^h + P^*$ 个子模型。

5.1.3 MEP-FSE 马赫数模型

4.3.2 节建立的 FSE fixed-size LS-SVMs 模型采用随机选择的方式，从 C_n^2 个具有 2 维输入特征的子模型中选取了 $P^* = 22$ 个子模型。本节采用 MEP 算法取代随机选择法，建立 MEP-FSE 马赫数预测模型。本节从训练集RMSE和测试集RMSE两方面评估模型的预测效果。将MEP算法与随机选择法、Reduce-Error修剪（简称REP）法进行了实验对比，证明了MEP算法的有效性，即MEP-FSE马赫数模型具有更高的预测精度。

（1）MEP-FSE模型建立

fixed-size LS-SVM子模型建立参数见4.3节。MEP-FSE总压、静压模型中二次Rényi熵的变化曲线如图5-1所示，随着迭代次数的增加，二次Rényi熵值逐渐平稳。REP-FSE总压、静压模型从具有2维输入特征的子模型中，选取了RMSE最小的22个子模型。MEP-FSE、REP-FSE和FSE fixed-size LS-SVMs总压、静压和马赫数模型的训练集RMSE见表5-1。MEP-FSE、REP-FSE和FSE fixed-size LS-SVMs总压、静压模型的训练集RMSE十分接近。MEP-FSE、REP-FSE和FSE fixed-size LS-SVMs马赫数模型的训练集RMSE相等且都低于0.002，满足工程上马赫数预测精度要求。

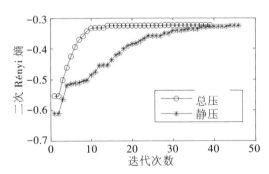

图5-1　MEP-FSE总压、静压模型中二次Rényi熵的变化曲线

表5-1　　MEP-FSE、REP-FSE和FSE fixed-size LS-SVMs

模型的训练集RMSE

预估器	总压（KPa）	静压（KPa）	马赫数
MEP-FSE	0.0215	0.0190	0.0009
REP-FSE	0.0214	0.0191	0.0009
FSE fixed-size LS-SVMs	0.0215	0.0192	0.0009

（2）分工况测试

①工况 1：$Ma = 0.6$、$P_o = 110\text{Kpa}$。工况 1 下，MEP-FSE 和 REP-FSE 总压、静压和马赫数模型的测试集 RMSE 见表 5-2，FSE fixed-size LS-SVMs 总压、静压和马赫数模型的测试集 RMSE 见表 4-10。MEP-FSE 总压模型的测试集 RMSE 为 0.0182~0.0217，低于 REP-FSE 总压模型的测试集 RMSE 的 0.0182~0.0218 和 FSE fixed-size LS-SVMs 总压模型的测试集 RMSE 的 0.0183~0.0223。MEP-FSE 静压模型的测试集 RMSE 为 0.0161~0.0210，低于 REP-FSE 静压模型的测试集 RMSE 的 0.0164~0.0220 和 FSE fixed-size LS-SVMs 静压模型的测试集 RMSE 的 0.0163~0.0210。MEP-FSE 马赫数模型的测试集 RMSE 为 0.0006~0.0009，低于 REP-FSE 马赫数模型的测试集 RMSE 的 0.0007~0.0010 和 FSE fixed-size LS-SVMs 马赫数模型的测试集 RMSE 的 0.0007~0.0010。

表5-2　　工况1下MEP-FSE和REP-FSE模型的测试集RMSE

#数据集	MEP-FSE			REP-FSE		
	总压（KPa）	静压（KPa）	马赫数	总压（KPa）	静压（KPa）	马赫数
4	0.0209	0.0177	**0.0009**	0.0208	0.0175	**0.0010**
5	0.0202	0.0187	0.0009	0.0203	0.0183	0.0009
6	0.0191	0.0176	0.0008	0.0194	0.0168	0.0008
7	0.0205	0.0191	**0.0006**	0.0206	0.0190	**0.0007**
8	**0.0217**	0.0198	0.0007	**0.0218**	0.0200	0.0007
9	0.0183	**0.0161**	0.0007	0.0184	**0.0164**	0.0007
10	0.0183	0.0176	0.0007	0.0182	0.0173	0.0008
11	0.0207	0.0177	0.0008	0.0210	0.0178	0.0008
12	0.0211	**0.0210**	0.0006	0.0212	**0.0220**	0.0007
13	**0.0182**	0.0164	0.0007	**0.0182**	0.0165	0.0007
14	0.0196	0.0182	0.0007	0.0198	0.0183	0.0007
15	0.0196	0.0171	0.0008	0.0196	0.0170	0.0007

②工况 2：$Ma = 0.85$、$P_o = 130Kpa$。工况 2 下，MEP-FSE 和 REP-FSE 总压、静压和马赫数模型的测试集 RMSE 见表 5-3；FSE fixed-size LS-SVMs 总压、静压和马赫数模型的测试集 RMSE 见表 4-12。MEP-FSE 总压模型的测试集 RMSE 为 0.0210~0.0256，低于 REP-FSE 总压模型的测试集 RMSE 的 0.0217~0.0257，等于 FSE fixed-size LS-SVMs 总压模型的测试集 RMSE。MEP-FSE 静压模型的测试集 RMSE 为 0.0175~0.0212，低于 REP-FSE 静压模型的测试集 RMSE 的 0.0182~0.0221 和 FSE fixed-size LS-SVMs 静压模型的测试集 RMSE 的 0.0175~0.0233。MEP-FSE 马赫数模型的测试集 RMSE 为 0.0006~0.0009，低于 REP-FSE 马赫数模型的测试集 RMSE 的 0.0006~0.0010 和 FSE fixed-size LS-SVMs 马赫数模型的测试集 RMSE 的 0.0006~0.0010。

表5-3　　工况2下MEP-FSE和REP-FSE模型的测试集RMSE

#数据集	MEP-FSE			REP-FSE		
	总压（KPa）	静压（KPa）	马赫数	总压（KPa）	静压（KPa）	马赫数
4	0.0240	**0.0175**	0.0007	0.0223	**0.0182**	0.0007
5	**0.0210**	0.0192	0.0007	**0.0217**	0.0192	**0.0006**
6	0.0240	0.0207	0.0008	0.0239	0.0207	0.0009
7	0.0226	0.0186	0.0008	0.0221	0.0186	0.0009
8	0.0261	0.0212	0.0007	0.0253	0.0211	0.0007
9	0.0256	0.0195	**0.0009**	0.0234	0.0191	**0.0010**
10	**0.0256**	0.0201	0.0008	**0.0257**	0.0188	0.0007
11	0.0234	0.0205	0.0008	0.0233	0.0204	0.0008
12	0.0229	0.0192	0.0008	0.0223	0.0191	0.0009
13	0.0231	0.0201	0.0007	0.0229	0.0200	0.0007
14	0.0227	0.0193	0.0008	0.0225	0.0192	0.0009
15	0.0251	**0.0212**	**0.0006**	0.0250	**0.0221**	0.0006

③工况 3：$Ma = 0.54$、$P_o = 110\text{Kpa}$。工况 3 下，MEP-FSE 和 REP-FSE 总压、静压和马赫数模型的测试集 RMSE 见表 5-4；FSE fixed-size LS-SVMs 总压、静压和马赫数模型的测试集 RMSE 见表 4-14。MEP-FSE 总压模型的测试集 RMSE 为 0.0191~0.0247，近似于 REP-FSE 总压模型的测试集 RMSE 的 0.0192~0.0245，低于 FSE fixed-size LS-SVMs 总压模型的测试集 RMSE 的 0.0196~0.0269。MEP-FSE 静压模型的测试集 RMSE 为 0.0165~0.0215，低于 REP-FSE 静压模型的测试集 RMSE 的 0.0167~0.0217 和 FSE fixed-size LS-SVMs 静压模型的测试集 RMSE 的 0.0175~0.0233。MEP-FSE 马赫数模型的测试集 RMSE 为 0.0012~0.0018，低于 REP-FSE 马赫数模型的测试集 RMSE 的 0.0013~0.0021 和 FSE fixed-size LS-SVMs 马赫数模型的测试集 RMSE 的 0.0013~0.0019。

综上，三种工况下，MEP-FSE 马赫数模型的测试集 RMSE 都是最低的，满足工程上马赫数预测精度的要求。在工况 3 中，REP-FSE 马赫数模型的测试集 RMSE 高于 0.002，不能满足马赫数预测精度的要求。

表5-4　　工况3下MEP-FSE和REP-FSE模型的测试集RMSE

# 数据集	MEP-FSE			REP-FSE		
	总压（KPa）	静压（KPa）	马赫数	总压（KPa）	静压（KPa）	马赫数
4	0.0236	**0.0215**	0.0014	0.0235	**0.0217**	0.0018
5	0.0192	0.0170	0.0015	**0.0192**	0.0168	0.0019
6	0.0194	0.0171	0.0016	0.0194	0.0172	0.0017
7	0.0226	0.0196	0.0015	0.0229	0.0205	0.0016
8	**0.0191**	0.0169	0.0014	0.0195	0.0175	0.0016
9	0.0195	0.0169	0.0013	0.0195	0.0171	0.0015
10	0.0203	0.0198	0.0015	0.0204	0.0179	0.0014
11	0.0217	0.0209	0.0013	0.0216	0.0203	**0.0013**
12	0.0195	0.0185	**0.0012**	0.0196	0.0171	0.0013
13	**0.0247**	0.0193	**0.0018**	**0.0245**	0.0189	**0.0021**
14	0.0245	0.0215	0.0013	0.0245	0.0216	0.0014
15	0.0196	**0.0165**	0.0015	0.0196	**0.0167**	0.0015

5.2　模型鲁棒性的提升

风洞试验数据全部来自风洞试验现场，不可避免地引入了噪声数据。为了防止或限制噪声对马赫数预测效果带来的不利影响，本节研究 FSE 模型鲁棒性的提升方法。

5.2.1　噪声数据

噪声数据即错误或存在偏离期望值的孤立点[131]。数据采集过程极易引入噪声，具体来说，噪声数据的产生主要有以下几种原因[131]：受技术方面的限制，不能够得到很精确的测量结果；收集数据的设备出现故障，在数据的输入或传输过程中出现错误；存储介质损坏，等等。

噪声数据对数据分析和知识挖掘有着明显的负向影响，导致模型性能的下降[132]。例如，降低准确度，导致不可靠的输出；降低分类准确率，导致决策失误；增加时间复杂度；引起过拟合，等等。因此，许多学者深入研究了针对噪声数据的各种学习算法。

噪声数据的学习算法主要有两种：去除噪声后再学习和带噪声的学习[133]。去除噪声后再学习是先利用噪声处理方法对噪声进行更正或剔除后，再利用传统方法进行学习。带噪声的学习是指直接在噪声数据上设计更加鲁棒的学习算法。想更好地消除噪声数据的负向影响，一般还需要在数据预处理阶段使用专门的噪声处理方法，但尽管如此，噪声的不利影响可能依然存在。

5.2.2　学习算法鲁棒性

学习算法鲁棒性（Robustness）是指，如果样本数据集中存在噪声数据，由某种学习算法建立的模型仍具有良好的性能，则称该学习算法是鲁棒的[134-135]。

学习算法如决策树、SVM、神经网络等，对噪声数据都具有一定的承受能力，即具备一定的鲁棒性[105]，但它们是基于数据的学习算法，对样本质量的依赖性较大，其预测性能往往会随着训练集中噪声水平的提高而下降。大部分基于数据的学习算法都具有噪声抑制机制，例如，剪枝技术可防止决策树算法对噪声过拟合[136]；SVM 采用非凸 Ramp 损失函数抑制噪声的负向影响[137] 等。

集成学习也是一种抑制噪声干扰的有效手段。文献[138] 提出给原始数据分配置信度的方法，根据置信度去掉一部分被判定为噪声的样本，训练出多个分类器，对未知的测试样本进行投票。一方面避免了单个分类器中可能出现的过拟合问题；另一方面通过三种不同的投票方式，可以看出哪种方式更适合于含噪声数据的学习，从而提高整个学习机的性能。

也有许多学者对一些经典集成学习算法的鲁棒性问题感兴趣，并对此展开研究。AdaBoost 的优势在于能够显著提高模型的预测精度，但存在两个主要缺点：一是训练时间过长，特别是在大样本集的情况下；二是对噪声数据敏感[83, 128,]。为了解决噪声问题，Friedman 等人提出了"泛化 AdaBoost"算法[139]；Freund 提出了 Brown-Boost[140] 算法；谢元澄和杨静宇[83] 使用聚类算法来加速 AdaBoost，实现快速的噪声探测和噪声剔除后的再学习。在针对包含噪声的数据集进行学习时，这些改进算法在综合性能和效率上都明显优于 AdaBoost。

Bagging、随机森林和随机子空间法具有良好的抗噪声干扰能力，鲁棒性优于 AdaBoost[141-142]，这归因于 Bagging、随机森林和随机子空间法都是基于独立同分布数据的 Bootstrap 采样思想，而 Bootstrap 采样方法具有剔除噪声样本或特征的潜能[143-144]。在 Bagging 和随机森林中，利用 Bootstrap 进行重新采样，建立的样本子集既可采用 $N_B = N$ 的形式，也可采用 $N_B < N$ 的形式。在 Matlab 工具箱的随机森林程序函数中，样本子集的样本个数默认值为 $N_B = \dfrac{N}{3}$。在随机子空间法中，利用 Bootstrap 进行特征选择，建立的特征子集采用 $n_B < n$ 的形式，其中 n_B 为特征子集的输入特征维数。在 Matlab 工具箱的随机子空间程序函数中，特征子集的输入特征维数的默认值为 $n_B = \dfrac{n}{2}$。Bagging、随机森林和随机子空间法利用 Boostrap 选取了部分样本或特征，有效剔除了部分噪声

数据，提高了模型的鲁棒性。

FSE 方法的鲁棒性主要由基学习机以及特征子集的构建过程决定。基学习机的鲁棒性越强，子模型受到噪声数据的不利影响越弱，因此对整个集成模型的不利影响也越弱。本书在第 4 章对 FSE 模型中的基学习机进行研究时，所涉及的回归树、BP 神经网络、fixed-size LS-SVM 等算法对噪声数据都有较好的鲁棒性，因此在一定程度上限制了噪声数据对 FSE 模型预测性能的不利影响。

然而，在 FSE 方法中，特征子集的构建过程存在着使模型受到噪声数据不利影响的隐患。FSE 对特征空间进行全面划分，整个训练集会被重复使用。对于无噪声数据集，该特点有利于提高模型的预测精度，但是，对于包含噪声的数据集，噪声数据也会被重复使用，该特点可能会限制 FSE 模型的预测性能，尤其是在预测精度上。

5.2.3　Bootstrap-FSE 方法

独立同分布数据的 Bootstrap 采样方法有放回地、随机地重新抽取部分样本，能够有效限制 FSE 模型中噪声数据的重复使用，抑制其对模型预测性能的不利影响。另外，Bootstrap 采样过程简单、直观、快速，有利于保持 FSE 模型复杂度低的优势。因此，本书将独立同分布数据的 Bootstrap 采样方法与 FSE 方法相结合，提出了 Bootstrap-FSE 集成方法。

（1）独立同分布数据的 Bootstrap 采样方法

独立同分布数据的 Bootstrap 采样方法是 Bootstrap 理论中发展最早的一部分，它由 Efron[145] 提出。对于一系列独立同分布的随机变量 X_1，X_2，$\cdots$，X_N，选取经验分布 $F_n(x)$ 作为真实分布 F 的估计 $\hat{F}_n$，即[146]：

$$F_n(x) = n^{-1} \sum_{i=1}^{n} I(X_i \leqslant x), \ x \in \mathbb{R}$$

式中，$I(\cdot)$ 为示性函数。当然 F 的估计也可以有其他选择。

当确定 F 的估计 $\hat{F}_N$ 就是经验分布 $\hat{F}_N$ 时，由于经验分布的本质是抽取任一值的概率都是相等的，因此"重构数据"的操作将简化为"有放回的简单随机采样"，即从 $\Theta_N = \{X_1, X_2, \cdots, X_N\}$，$X \in \mathbb{R}^n$ 中有放回地

随机抽取 $\Theta^{*}_{N_{B}} = \left\{ X^{*}_{1},\ X^{*}_{2},\ \cdots,\ X^{*}_{N_{B}} \right\}$ [145]。通常样本量 $N_{B} = N$，但某些情况下也可以设置为 $N_{B} < N$，例如，关心一个既包含样本又包含总体参数的随机变量 $T_{N} = \sqrt{N}\left(\overline{X}_{N} - \mu \right)/\sigma_{N}$（标准化样本均值）的分布情况，其 Bootstrap 估计为 $T^{*}_{N_{B},\ N} = \sqrt{N}\left(\overline{X}^{*}_{N_{B}} - \hat{\mu}_{N} \right)/\hat{\sigma}_{N}$，在 $\hat{F}_{N} = F_{N}$ 的条件下，$\hat{\mu}_{N}$ 和 $\hat{\sigma}_{N}$ 分别由样本均值 $\overline{X}_{N}$ 和样本标准差 σ_{N} 来进行估计[145]。

那么 $T^{*}_{N_{B},\ N}$ 对 T_{N} 的逼近程度是否足够好？当 $N_{B} = N$ 时，Bickel & Freedman[147] 以及 Singh[148] 证明了方差有限的独立同分布随机变量的样本均值 T_{N} 近似于 $T^{*}_{N_{B},\ N}$，是渐进相合的。Singh 进一步证明了在某些条件下 Bootstrap 近似比传统正态近似的收敛速度要快[146]。

（2）Bootstrap-FSE 算法

①Bootstrap 与 FSE 的结合方式。将独立同分布数据的 Bootstrap 采样方法与 FSE 方法相结合，有两种方式可以考虑：A. 先对训练集进行 Bootstrap 采样，在 Bootstrap 样本子集上建立 FSE 模型，如图 5-2 所示；B. 先在训练集上建立 FSE 集成结构，然后在各个特征子集上进行 Bootstrap 采样，如图 5-3 所示。令 N_{B} 表示执行 Bootstrap 采样后获得的样本子集中的样本个数，为了限制噪声的重复使用，无论是在结合方式 A 中还是结合方式 B 中，都有 $N_{B} < N$，并令 $Q(\%) = \left(\dfrac{N_{B}}{N} \right) \times 100\%$ 表示采样率。

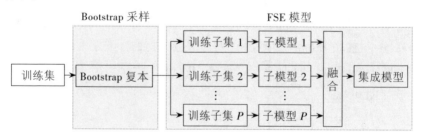

图 5-2　Bootstrap 与 FSE 结合方式 A

这两种结合方式的主要区别在于，结合方式 A 中，对于训练集中没有被选中的样本，会被整条删除，然而，事实上通常只有一个属性值需要删除或修正噪声，将整条样本删除将丢失大量有用的、干净的信息[131]。结合方式B属于同一种属性上的噪声处理方法，能够克服结合方式A的缺点。因此，本书采用结合方式B，在FSE的特征子集上直接进行独立同分布数据的Bootstrap采样，构造特征子集的"样本子集"，称之为特征子集的Bootstrap复本（Replication）。

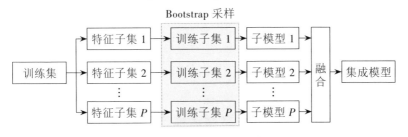

图5-3　Bootstrap与FSE结合方式B

②Bootstrap复本个数。图5-3中各特征子集只进行了一次Bootstrap采样，根据具体情况也可以增加Bootstrap复本个数，如图5-4所示。

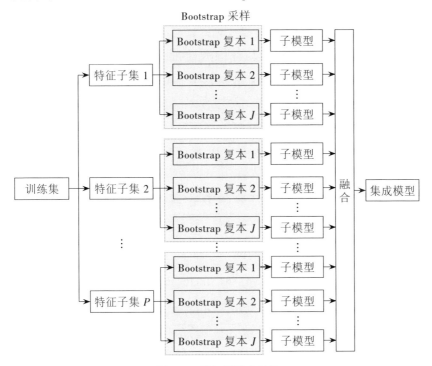

图5-4　并行型融合结构

令 $\left\{fs_{ji}^{hB} = \left(X_k^h,\ Y_k\right)_{k=1}^{N_B}\right\}_{j=1}^{J}$，$X_k^h \in \mathbb{R}^h$，$X_k^h \subset X_k \in \mathbb{R}^h$，$Y \in \mathbb{R}$ 表示在特

征子集 $fs_i^h = \left\{ \left(X_k^h, Y_k \right) \right\}_{k=1}^{N}$，$i = 1, 2, \cdots, P$，$P = \sum_{h=1}^{h^*} C_n^h$ 上进行独立同分布数据的 Bootstrap 采样后产生的 $J(J \geqslant 1)$ 个 Bootstrap 复本。Bootstrap 复本 fs_{ji}^{hB}，$j = 1, 2, \cdots, J$ 的样本概率分布近似于 fs_i^h 的样本概率分布，输入特征维数与 fs_i^h 的相同，都为 $h(h < n)$。特征子集 fs_i^h 中的样本 $\left(X_k^h, Y_k \right)$ 可能会在多个 Bootstrap 复本中出现，也可能没有出现在任何 Bootstrap 复本中。在每个 Bootstrap 复本上建立一个子模型，随后融合这 $J \times P$ 个子集模型。

5.2.4　Bootstrap-FSE 马赫数模型

本节针对风洞试验的三种工况，建立 Bootstrap-FSE 马赫数预测模型，然后分别在低噪声和高噪声数据集上对模型进行验证。将 Bootstrap-FSE 模型与 FSE fixed-size LS-SVMs 模型进行实验对比，证明相对于 FSE 方法，Bootstrap-FSE 方法的鲁棒性更好，能够在保持甚至提高预测速度的基础上，进一步提高马赫数的预测精度。

每种工况各采集 24 组试验数据，第 1~15 组和第 16~24 组试验数据的样本个数分别见表 3-2 和表 5-5。各工况下，将第 1~3 组试验数据合并后作为训练集，第 4~24 组试验数据用于测试，其中，第 4~15 组为低噪声测试集，第 16~24 组为高噪声测试集。所有数据归一化处理到 $[0, 1]$。

表5-5　　　　　　　　　　　各工况下的样本个数

工况#	高噪声数据集								
	16	17	18	19	20	21	22	23	24
1	10 350	9 655	10 380	10 860	10 110	10 260	10 890	10 077	9 790
2	4 536	4 203	4 192	4 167	4 122	4 556	4 220	4 176	4 149
3	10 980	10 320	9 655	9 560	10 176	9 370	9 840	10 170	9 600
总数	25 866	24 178	24 227	24 587	24 408	24 186	24 950	24 423	23 539

Bootstrap-FSE 模型中 FSE 的结构与 4.3 节中 FSE fixed-size LS-SVMs

模型的结构相同，即 Bootstrap-FSE 总压、静压模型各包含52个特征子集。在各个特征子集上进行 $J = 1$ 次 Boostrap 采样，采样率 $\theta_s = 85\%$。以 fixed-size LS–SVM 为基学习机，在各 Boostrap 复本上建立子模型；所有 fixed-size LS-SVMs 子模型都使用 RBF 核函数，核宽为 10^6；各 fixed-size LS-SVMs 子模型的支持向量个数为 $M=3$，采用随机法进行选择。

Bootstrap-FSE 和 FSE fixed-size LS-SVMs 总压、静压和马赫数模型的训练结果见表5–6。FSE fixed-size LS-SVMs 总压、静压模型的训练时间约为 Bootstrap-FSE 总压、静压模型的训练时间的1.3倍。Bootstrap-FSE 总压、静压模型的训练集 RMSE 略低于 FSE fixed-size LS-SVMs 总压、静压模型的训练集 RMSE。Bootstrap-FSE 马赫数模型的训练集 RMSE 等于 FSE fixed-size LS-SVMs 马赫数模型的训练集 RMSE，且都低于0.002，满足马赫数预测精度的要求。

表5–6 Bootstrap-FSE模型和FSE fixed-size LS-SVMs模型的训练结果

预估器	总压（KPa）		静压（KPa）		马赫数
	RMSE	时间（s）	RMSE	时间（s）	RMSE
Bootstrap-FSE	0.0214	0.433	0.0191	0.411	0.0009
FSE fixed-size LS-SVMs	0.0215	0.545	0.0192	0.531	0.0009

①工况1：$Ma = 0.6$、$P_o = 110KPa$。工况1下，Bootstrap - FSE 和 FSE fixed-size LS-SVMs 总压、静压和马赫数模型的测试结果见表5–7和表5–8。

在低噪声测试集上，Bootstrap-FSE 总压、静压模型的测试时间都为 0.0042s~0.0050s。FSE fixed-size LS-SVMs 总压、静压模型的测试时间约为 Bootstrap-FSE 总压、静压模型的测试时间的1~1.42倍。Bootstrap-FSE 总压模型的测试集 RMSE 为0.0182~0.0219，低于 FSE fixed-size LS-SVMs 总压模型的测试集 RMSE 的0.0183~0.0223。Bootstrap-FSE 静压模型的测试集 RMSE 为0.0162~0.0205，低于 FSE fixed-size LS-SVMs 静压模型的测试集 RMSE 的0.0163~0.0210。

表5-7　　　　　　　　　　工况1下Bootstrap-FSE模型的测试结果

# 数据集	总压（KPa）		静压（KPa）		马赫数
	RMSE	时间（s）	RMSE	时间（s）	RMSE
4	0.0210	0.0043	0.0188	0.0043	**0.0010**
5	0.0202	0.0043	0.0193	**0.0042**	0.0009
6	0.0193	0.0043	0.0181	0.0043	0.0008
7	0.0205	0.0042	0.0190	0.0043	**0.0006**
8	**0.0219**	0.0043	0.0202	0.0043	0.0007
9	0.0185	**0.0050**	**0.0162**	**0.0050**	0.0007
10	0.0184	**0.0042**	0.0184	0.0043	0.0008
11	0.0209	0.0043	0.0182	0.0043	0.0008
12	0.0212	0.0042	**0.0205**	0.0043	0.0006
13	**0.0182**	0.0043	0.0166	0.0050	0.0007
14	0.0197	0.0042	0.0185	0.0050	0.0007
15	0.0197	0.0050	0.0170	0.0050	0.0007
16	0.0193	**0.0050**	0.0169	**0.0050**	**0.0008**
17	0.0212	**0.0042**	0.0185	**0.0043**	0.0008
18	**0.0180**	0.0043	**0.0163**	0.0043	0.0008
19	0.0190	0.0050	0.0174	0.0050	0.0008
20	0.0200	0.0043	0.0192	0.0043	**0.0007**
21	**0.0218**	0.0043	**0.0205**	0.0050	0.0008
22	0.0194	0.0043	0.0189	0.0050	0.0008
23	0.0188	0.0043	0.0176	0.0043	0.0007
24	0.0182	0.0043	0.0172	0.0043	0.0008

低噪声测试集：数据集 4–15

高噪声测试集：数据集 16–24

表5-8　　　　　工况1下FSE fixed-size LS-SVMs模型的测试结果

# 数据集	总压（KPa）		静压（KPa）		马赫数
	RMSE	时间 （s）	RMSE	时间 （s）	RMSE
低噪声 测试集	参见表4-9和表4-10				
16	0.0194	**0.0050**	0.0168	**0.0050**	**0.0011**
17	0.0220	0.0050	0.0181	0.0057	0.0009
18	**0.0182**	0.0050	**0.0163**	**0.0064**	0.0009
19	0.0191	**0.0057**	0.0170	0.0050	0.0008
20	0.0208	0.0050	0.0190	0.0050	**0.0007**
21	**0.0230**	0.0050	**0.0212**	0.0050	0.0008
22	0.0203	0.0057	0.0195	0.0057	0.0009
23	0.0191	0.0050	0.0174	0.0057	0.0008
24	0.0183	0.0050	0.0177	0.0057	0.0009

（行标题"高噪声测试集"跨16-24行）

Bootstrap-FSE 马赫数模型的测试集 RMSE 为 0.0006~0.0010，低于 FSE fixed-size LS-SVMs 马赫数模型的测试集 RMSE 的 0.0007~0.0010。在工况1的低噪声测试集上，Bootstrap-FSE 马赫数模型的预测速度及精度都略好于 FSE fixed-size LS-SVMs 马赫数模型的预测速度及精度。

在高噪声测试集上，Bootstrap-FSE 总压、静压模型的测试时间分别为 0.0042s~0.0050s 和 0.0043s~0.0050s。FSE fixed-size LS-SVMs 总压、静压模型的测试时间分别为 0.0050s~0.0057s 和 0.0050s~0.0064s，约为 Bootstrap-FSE 总压、静压模型的测试时间的 1.2~1.3 倍。Bootstrap-FSE 总压模型的测试集 RMSE 为 0.0180~0.0218，低于 FSE fixed-size LS-SVMs 总压模型的测试集 RMSE 的 0.0182~0.0230。Bootstrap-FSE 静压模型的测试集 RMSE 为 0.0163~0.0205，低于 FSE fixed-size LS-SVMs 静压模型的测试集 RMSE 的 0.0163~0.0212。

Bootstrap-FSE 马赫数模型的测试集 RMSE 为 0.0007~0.0008，低于 FSE fixed-size LS-SVMs 马赫数模型的测试集 RMSE 的 0.0007~0.0011。在

工况1的高噪声测试集上，Bootstrap-FSE马赫数模型的预测速度及精度都好于FSE fixed-size LS-SVMs马赫数模型的预测速度及精度。

②工况2：$Ma = 0.85$、$P_o = 130Kpa$。工况2下Bootstrap-FSE和FSE fixed-size LS-SVMs总压、静压和马赫数模型的测试结果见表5-9和表5-10。

表5-9　　　　　　　工况2下Bootstrap-FSE模型的测试结果

# 数据集	总压（KPa）		静压（KPa）		马赫数
	RMSE	时间（s）	RMSE	时间（s）	RMSE
4	0.0276	**0.0050**	0.0213	**0.0050**	0.0007
5	**0.0218**	0.0050	0.0193	0.0050	0.0007
6	0.0239	0.0043	0.0208	0.0043	0.0008
7	0.0236	0.0043	**0.0191**	0.0050	0.0008
8	0.0277	0.0050	0.0221	0.0043	0.0007
9	0.0299	0.0050	0.0227	**0.0042**	**0.0010**
10	**0.0362**	0.0050	**0.0255**	0.0042	0.0007
11	0.0233	0.0050	0.0206	0.0050	0.0008
12	0.0241	**0.0042**	0.0200	0.0050	0.0009
13	0.0231	0.0050	0.0205	0.0050	**0.0006**
14	0.0226	0.0050	0.0195	0.0043	0.0008
15	0.0250	0.0050	0.0222	0.0050	0.0006
16	0.0250	**0.0050**	0.0229	**0.0050**	0.0007
17	0.0231	0.0050	0.0202	0.0043	0.0008
18	**0.0257**	0.0043	0.0223	0.0050	**0.0009**
19	0.0243	0.0043	0.0219	0.0043	**0.0006**
20	**0.0209**	0.0050	**0.0175**	0.0050	0.0007
21	0.0211	0.0050	0.0185	0.0050	0.0006
22	0.0215	**0.0042**	0.0178	**0.0042**	0.0006
23	0.0252	0.0050	0.0214	0.0050	0.0008
24	0.0242	0.0043	0.0208	0.0050	0.0006

数据集4-15为低噪声测试集，数据集16-24为高噪声测试集。

表5-10　　　　工况2下FSE fixed-size LS-SVMs模型的测试结果

#	总压（KPa）		静压（KPa）		马赫数
数据集	RMSE	时间（s）	RMSE	时间（s）	RMSE
低噪声测试集	参见表4-11和表4-12				
16	0.0245	**0.0050**	0.0229	**0.0064**	**0.0007**
17	0.0223	0.0050	0.0201	**0.0050**	0.0008
18	**0.0254**	0.0050	0.0220	0.0057	**0.0010**
19	0.0238	0.0050	0.0221	0.0064	0.0007
20	**0.0210**	**0.0057**	**0.0175**	0.0057	0.0008
21	0.0212	0.0050	0.0189	0.0050	0.0007
22	0.0216	0.0057	0.0179	0.0057	0.0007
23	0.0228	0.0057	0.0208	0.0057	0.0009
24	0.0243	0.0050	0.0213	0.0057	0.0007

（低噪声测试集行中"高噪声测试集"标注于16~24行左侧）

在低噪声测试集上，Bootstrap-FSE总压、静压模型的测试时间都为0.0042s~0.0050s。FSE fixed-size LS-SVMs总压、静压模型的测试时间约为 Bootstrap-FSE 总压、静压模型的测试时间的1.36~1.42倍。Bootstrap-FSE 总压模型的测试集 RMSE 为0.0218~0.0362，高于 FSE fixed-size LS-SVMs总压模型的测试集 RMSE 的 0.0210~0.0256。Bootstrap-FSE 静压模型的测试集 RMSE 为0.0191~0.0255，高于 FSE fixed-size LS-SVMs静压模型的测试集 RMSE 的 0.0175~0.0233。

Bootstrap-FSE 马赫数模型的测试集 RMSE 为 0.0006~0.0010，等于 FSE fixed-size LS-SVMs马赫数模型的测试集 RMSE。在工况2的低噪声测试集上，Bootstrap-FSE 马赫数模型的预测精度等于 FSE fixed-size LS-SVMs马赫数模型的预测精度，但 Bootstrap-FSE 马赫数模型的预测速度快于 FSE fixed-size LS-SVMs马赫数模型的预测速度。

在高噪声测试集上，Bootstrap-FSE 总压、静压模型的测试时间都为0.0042s~0.0050s。FSE fixed-size LS-SVMs总压、静压模型的测试时间分别为0.0050s~0.0057s和0.0050s~0.0064s，约为 Bootstrap-FSE 总压、静压模型的测试时间的1~1.3倍。Bootstrap-FSE 总压模型的测试集 RMSE 为0.0209~0.0257，近似于 FSE fixed-size LS-SVMs总压模型的测试集 RMSE 的 0.0210~0.0254。Bootstrap-FSE 静压模型的测试集 RMSE 为 0.0175~

0.0229，等于 FSE fixed-size LS-SVMs 静压模型的测试集 RMSE。

Bootstrap-FSE 马赫数模型的测试集 RMSE 为 0.0006~0.0009，低于
FSE fixed-size LS-SVMs 马赫数模型的测试集 RMSE 的 0.0007~0.0010。在
工况 2 的高噪声测试集上，Bootstrap-FSE 马赫数模型的预测速度及精度
都好于 FSE fixed-size LS-SVMs 马赫数模型的预测速度及精度。

③工况 3：$Ma = 0.54$、$P_o = 110$Kpa。工况 3 下 Bootstrap-FSE 和 FSE
fixed-size LS-SVMs 总压、静压和马赫数模型的测试结果见表 5–11 和表 5–12。

表5–11　　　　　工况3下Bootstrap-FSE模型的测试结果

#	总压（KPa）		静压（KPa）		马赫数
数据集	RMSE	时间（s）	RMSE	时间（s）	RMSE
4	0.0239	**0.0028**	0.0221	**0.0028**	0.0016
5	0.0204	**0.0021**	0.0200	**0.0021**	0.0017
6	0.0198	0.0021	0.0177	0.0021	0.0017
7	0.0226	0.0021	0.0197	0.0021	0.0015
8	**0.0193**	0.0021	0.0174	0.0021	0.0015
9	0.0198	0.0021	0.0170	0.0021	0.0014
10	0.0203	0.0028	0.0191	0.0028	0.0013
11	0.0216	0.0021	0.0209	0.0021	0.0013
12	0.0195	0.0028	0.0191	0.0028	**0.0011**
13	**0.0246**	0.0021	0.0197	0.0021	**0.0018**
14	0.0245	0.0021	0.0218	0.0021	0.0012
15	0.0196	0.0021	**0.0169**	0.0021	0.0014
16	0.0214	**0.0028**	0.0186	**0.0028**	0.0016
17	0.0199	0.0021	0.0174	**0.0021**	0.0017
18	**0.0190**	0.0021	**0.0161**	0.0021	**0.0012**
19	0.0191	0.0021	0.0182	0.0021	0.0015
20	0.0227	**0.0021**	0.0192	0.0021	0.0013
21	0.0190	0.0021	0.0194	0.0021	0.0014
22	0.0192	0.0028	0.0181	0.0021	0.0018
23	**0.0228**	0.0021	**0.0208**	0.0021	0.0016
24	0.0226	0.0021	0.0189	0.0021	**0.0019**

低噪声测试集为数据集 4–15，高噪声测试集为数据集 16–24。

表5-12　　工况3下FSE fixed-size LS-SVMs模型的测试结果

	# 数据集	总压（KPa）		静压（KPa）		马赫数
		RMSE	时间（s）	RMSE	时间（s）	RMSE
低噪声测试集	参见表4-13和表4-14					
高噪声测试集	16	0.0213	**0.0028**	0.0178	**0.0028**	0.0016
	17	0.0230	0.0028	**0.0167**	**0.0029**	0.0018
	18	0.0196	**0.0029**	0.0168	0.0028	**0.0012**
	19	0.0203	0.0029	0.0173	0.0029	0.0015
	20	0.0228	0.0028	0.0190	0.0028	0.0015
	21	0.0193	0.0028	0.0183	0.0028	**0.0021**
	22	**0.0191**	0.0028	0.0182	0.0029	0.0020
	23	0.0229	0.0029	**0.0207**	0.0028	0.0021
	24	**0.0257**	0.0028	0.0188	0.0028	0.0019

在低噪声测试集上，Bootstrap-FSE总压、静压模型的测试时间都为0.0021s~0.0028s。FSE fixed-size LS-SVMs总压、静压模型的测试时间约为Bootstrap-FSE总压、静压模型的测试时间的1~1.03倍。Bootstrap-FSE总压模型的测试集RMSE为0.0193~0.0246，低于FSE fixed-size LS-SVMs总压模型的测试集RMSE的0.0196~0.0269。Bootstrap-FSE静压模型的测试集RMSE为0.0169~0.0221，略高于FSE fixed-size LS-SVMs静压模型的测试集RMSE的0.0169~0.0218。

Bootstrap-FSE马赫数模型的测试集RMSE为0.0011~0.0018，低于FSE fixed-size LS-SVMs马赫数模型的测试集RMSE的0.0013~0.0019。在工况3的低噪声测试集上，Bootstrap-FSE马赫数模型的预测速度及精度都好于FSE fixed-size LS-SVMs马赫数模型的预测速度及精度。

在高噪声测试集上，Bootstrap-FSE总压、静压模型的测试时间都为0.0021s~0.0028s。FSE fixed-size LS-SVMs总压、静压模型的测试时间都为0.0028s~0.0029s，约为Bootstrap-FSE总压、静压模型的测试时间的

1~1.3倍。Bootstrap-FSE总压模型的测试集RMSE为0.0190~0.0228，低于FSE fixed-size LS-SVMs总压模型的测试集RMSE的0.0191~0.0257。Bootstrap-FSE静压模型的测试集RMSE为0.0161~0.0208，低于FSE fixed-size LS-SVMs静压模型的测试集RMSE的0.0167~0.0207。

Bootstrap-FSE马赫数模型的测试集RMSE为0.0012~0.0019，低于FSE fixed-size LS-SVMs马赫数模型的测试集RMSE的0.0012~0.0021。在工况3的高噪声测试集上，Bootstrap-FSE马赫数模型的预测速度及精度都好于FSE fixed-size LS-SVMs马赫数模型的预测速度及精度。

三种工况下，无论是在低噪声还是在高噪声测试集上，Bootstrap-FSE总压、静压模型的测试时间都少于FSE fixed-size LS-SVMs总压、静压模型的测试时间，满足工程上马赫数预测速度的要求。在低噪声测试集上，Bootstrap-FSE马赫数模型的测试集RMSE略低于FSE fixed-size LS-SVMs马赫数模型的测试集RMSE。在高噪声测试集上，Bootstrap-FSE马赫数模型的测试集RMSE明显低于FSE fixed-size LS-SVMs马赫数模型的测试集RMSE。无论是在低噪声还是在高噪声测试集上，Bootstrap-FSE马赫数模型的测试集RMSE都低于0.002，满足工程上马赫数预测精度的要求。在工况3的第21~23组高噪声测试上，FSE fixed-size LS-SVMs马赫数模型的测试集RMSE高于0.002，不能满足马赫数预测精度的要求。

5.3　本章小结

本章完成了两项工作：

第一，针对FSE模型中过多冗余的子模型问题，提出了MEP算法。该算法属于排序修剪法，可以充分考虑子模型的预测精度及多样性。MEP-FSE模型能够提高FSE模型的预测精度，在一定程度上解决了大数据种类多和价值密度低的问题。实验表明，MEP-FSE马赫数模型的预测精度高于FSE fixed-size LS-SVMs马赫数模型和REP-FSE马赫数模型的预测精度。

第二，针对噪声数据的干扰问题，提出了Bootstrap-FSE方法。该方法能够增强FSE模型的鲁棒性，同时有效解决大数据真实性低和要求处理速度快的问题。实验表明，Bootstrap-FSE模型的鲁棒性优于FSE模型的鲁棒性。Bootstrap-FSE马赫数模型的预测速度及精度都优于FSE fixed-size LS-SVMs马赫数模型的预测速度及精度，尤其是在高噪声测试集上，满足马赫数预测速度及精度的要求。

6　总结

马赫数的稳定性对风洞流场品质有着重要影响。为了实现马赫数的精确控制，重点和难点在于建立预测速度快、精度高的马赫数模型。本书以FL-26风洞为研究对象，针对试验数据样本规模大、输入特征维数高等特点，建立了基于大数据的风洞试验段马赫数预测模型。本书的主要工作包括如下几个方面：

第一，建立了FL-26风洞流场模型结构。通过对风洞系统的气动结构、空气环流、试验工况特点的研究分析，为数据建模提供先验知识。随后，确定基于数据的马赫数模型结构，采用NARX辨识方法描述风洞系统的动态特性，建立总压、静压NARX模型。归纳出风洞试验中累积的大数据集是实现马赫数快速、准确预测的主要难点，确定采用集成建模方法的解决方案。

第二，针对大数据集，分别研究了基于样本子集和基于特征子集的马赫数集成建模方法。实验表明，针对两种工况，基于样本子集的随机森林马赫数模型取得了一定成果，但针对三种工况，其预测速度及精度都明显下降，无法满足工程上马赫数预测速度及精度的要求。这主要归因于随机森林无法解决高维问题以及试验数据复杂程度的加深。随后，提出了基于特征子集的FSE方法，该方法能够直接、快速地划分特征空间，构建相互独立的低维特征子集，在降维的同时，间接"缩小"样本规模、"均衡"数据分布。FSE方法能够有效解决大数据规模大、种类多和要求处理速度快的问题，在预测风洞马赫数时具有明显优势。

第三，面向大数据集，验证了FSE模型对不稳定学习机和稳定学习机的有效性。合适的基学习机还能够帮助FSE模型解决大数据价值密度低的问题。结合风洞试验数据样本规模大、输入特征维数高、输入与输出变量之间的非线性关系强的特点，分别以不稳定学习机BP网络和稳定学习机fixed-size LS-SVM作为基学习机，建立了马赫数预测模型。实验表明，相对于单一模型（BP网络或fixed-size LS-SVM），FSE方法能够显著降低模型复杂度，同时提高预测精度，满足工程上马赫数预测速度及精度的要求；相对于FSE-BPs，FSE fixed-size LS-SVMs更适合于风洞马赫数预测。

第四，为了减少FSE模型中过多冗余的子模型，提出了基于最大熵的集成修剪（MEP）算法。该算法属于排序修剪法，它可以充分利用子模型的预测精度和多样性。MEP算法能够提高FSE模型的预测精度，同时解决大数据种类多和价值密度低两方面的问题。实验表明，MEP-FSE马赫数模型的预测精度高于FSE马赫数模型的预测精度。

第五，为增强FSE模型的鲁棒性，提出了Bootstrap-FSE方法。在特征子集中进行Bootstrap采样，有效限制了噪声数据的重复使用，提高了FSE模型的鲁棒性，可以有效解决大数据真实性低、要求处理速度快两方面的问题。随后，建立了Bootstrap-FSE马赫数模型。实验表明，Bootstrap--FSE模型的鲁棒性优于FSE模型的鲁棒性。针对三种工况，无论是在低噪声还是在高噪声测试集上，Bootstrap-FSE马赫数模型的预测速度及精度都优于FSE fixed-size LS-SVMs马赫数模型的预测速度及精度。

总之，本书根据风洞系统的运行机理，结合试验数据的特点，针对试验段马赫数的预测问题进行了深入的研究，并取得了一定的成果，但本书在方法上尚存在一些有待解决的问题，在以后的研究工作中，将会对这些问题进行更深入、更细致的研究。

参考文献

[1] 刘政崇. 高低速风洞气动与结构设计 [M]. 北京：国防工业出版社，2003.

[2] 孙智伟，白俊强，高正红，等. 现代超临界翼型设计及其风洞试验 [J]. 航空学报，2015，36（3）：804-818.

[3] 路波，吕彬彬，罗建国，等. 跨声速风洞全模颤振试验技术 [J]. 航空学报，2015，36（4）：1086-1092.

[4] 高丽华. 低速风洞绳牵引并联机器人的动力学建模与控制 [D]. 泉州：华侨大学，2014.

[5] 祖昊炜. 引射式跨声速风洞关键参数的建模 [D]. 沈阳：东北大学，2014.

[6] 代燚. 低速风洞流场数值模拟与优化设计 [D]. 上海：上海交通大学，2014.

[7] 易家宁. 风洞马赫数的控制策略与控制方法研究 [D]. 沈阳：东北大学，2014.

[8] 战培国. 国外风洞发展研究综述 [C]. 哈尔滨：第二届近代实验空气动力学会议论文集，2009：85-90.

[9] GREEN J，QUEST J. A short history of the European transonic wind tunnel ETW [J]. Progress in Aerospace Sciences，2011，47（5）：319-368.

[10] 李友荣. 国外大型低速风洞发展、使用及试验技术状况研究 [C]. 哈尔滨：

第二届近代实验空气动力学会议论文集，2009：79-84.

[11] 王发祥. 高速风洞试验 [M]. 北京：国防工业出版社，2003.

[12] 范洁川. 世界风洞 [M]. 北京：航空工业出版社，1992.

[13] LONG D F, GLADEN K S. Development of a control system for an injector powered transonic wind tunnel [C]. San Diego：The 15th Aerodynamic Testing Conference，1988：436-445.

[14] DAVID M N. Wind tunnel computer control system and instruction [J]. ISA，1989：87-101.

[15] 康虎. NF-6风洞马赫数控制系统研制与开发 [D]. 成都：四川大学，2003.

[16] YAN Y，XI Z，ZHANG S. Numerical simulation and transonic wind-tunnel test for elastic thin-shell structure considering fluid – structure interaction [J]. Chinese Journal of Aeronautics，2015，28（1）：141-151.

[17] LIU W，MA X，LI X，CHEN L，et al. High-precision pose measurement method in wind tunnels based on laser-aided vision technology [J]. Chinese Journal of Aeronautics，2015，28（4）：1121-1130.

[18] 钱卫，张桂江，刘钟坤. 飞机全动平尾颤振特性风洞试验 [J]. 航空学报，2015，36（4）：1093-1102.

[19] 张贵军. 风洞过程建模与控制问题的研究 [D]. 沈阳：东北大学，1998.

[20] MANITIUS A. Feedback controllers for a wind tunnel model involving a delay：analytical design and numerical simulation [J]. IEEE Transactions on Automatic Control，1984，29（12）：1058-1068.

[21] 赵书军，施洪昌，等. 神经网络在风洞流场马赫数辨识中的应用研究 [J]. 流体力学实验与测量，2004，18（3）：87-91.

[22] 沈逢京. 风洞流场马赫数建模与控制的研究 [D]. 哈尔滨：哈尔滨工程大学，2011.

[23] 宋佳佳. 风洞马赫数的建模与辨识 [D]. 沈阳：东北大学，2013.

[24] DANDOIS J，PAMART P Y. NARX modeling and extremum-seeking control of aseparation [J]. Journal Aerospace Lab，2013，AL06-06.

[25] LEONTARITIS J，BILLINGS S A. Input-output parametric models for nonlinear systems，Part I：deterministic nonlinear systems；Part II：stochastic nonlinear system [J]. International Journal of Control，1985，41（1）：303-344.

[26] 刘强，秦泗钊. 过程工业大数据建模研究展望 [J]. 自动化学报，2016，

42（2）：161-171.

[27] 马建光，姜巍. 大数据的概念、特征及其应用［J］. 国防科技，2013，34（2）：10-17.

[28] WU X，ZHU X，WU G Q，et al. Data mining with big data［J］. IEEE Transactions on Knowledge and Data Engineering，2014，26（1）：97-107.

[29] CONDLIFFE J. The problem with big data is that nobody understands it ［EB/OL］.［2012-04-30］. http：//gizmodo.com/59062-04/the-problem-with-big-data-is-that-nobody-understands-it.

[30] HILLARD R. It's time for a new definition of big data ［EB/OL］.［2012-03-18］. http：//mike2.openmethodology.org/blogs/information-development/2012/03/18/its-time-for-a-new-definition-of-big-data.

[31] 钟路音. 把大机器"搬到"云中工业数据增速是其他大数据领域的两倍 ［EB/OL］.［2023-06-30］. https：//paper.cnii.com.cn/article/rmydb_11452_78609.html.

[32] GE智能平台. 工业大数据云利用大数据集推动创新、竞争和增长［J］. 自动化博览，2012，（12）：40-42.

[33] OBITKO M，JIRKOVSKÝ V，BEZDÍČEK J. Big data challenges in industrial automation ［J］. Industrial Applications of Holonic and Multi-Agent Systems，Lecture Notes in Computer Science，2013（8062）：305-316.

[34] YAN J. Big data，bigger opportunities［J］. Geospatial World，2011：18-26.

[35] QIN S J. Process monitoring in the era of big data ［C］. Whictler：Proceeding of the 9th International Symposium on Advanced Control of Chemical Processes（ADCHEM），2015.

[36] DONG Y N，QIN S J. Dynamic-inner partial least squares for dynamic data modeling ［C］. Whistler：Proceedings of the 9th International Symposium on Advanced Control of Chemical Processes（ADCHEM），2015：117-122.

[37] HANSEN L K，SALAMON P. Neural network ensembles ［J］. IEEE Transactions on Pattern Analysis and Machine Intelligence，1990，12（10）：993-1001.

[38] SOLLIEH P，KROGH A. Learning with ensernbles：how overfitting can be useful ［C］. Denver：Advances in Neural Information Processing

Systems 8（NIPS），1995，190-196.

[39] 王清. 集成学习中若干关键问题的研究［D］. 上海：复旦大学，2011.

[40] PERRONE M P，COOPER L N. When networks disagree：ensemble method for hybrid neural networks［M］//MAMMONE R J. Artificial Neural Networks for Speed and Vision. New York：Chapman & Hall，1993：126-142.

[41] SCHAPIRE R E. The strength of weak learnability［J］. Machine Learning，1990，5（2）：197-227.

[42] BREIMAN L. Random forests［J］. Machine Learning，2001，45（1）：5-32.

[43] HO T K. The random subspace method for constructing decision forests［J］. IEEE Transactions on Pattern Analysis and Machine Intelligence，1998，20（8）：832-844.

[44] DIETTERICH T G. Machine learning research：four current directions［J］. AI Magazine，1997，18（4）：97-136.

[45] WU Q，YE Y，LIU Y，et al. SNP selection and classification of genome-wide SNP data using stratified sampling random forests［J］. IEEE Transactions on Nanobioscience，2012，11（3）：216-227.

[46] HAM J，CHEN Y，CRAWFORD M M，et al. Investigation of the random forest framework for classification of hyperspectral data［J］. IEEE Transactions on Geoscience and Remote Sensing，2005，43（3）：492-501.

[47] Phan H，Maaß M，Mazur R，et al. Random regression forests for acoustic event detection and classification［J］. IEEE/ACM Transactions on Audio，Speech，and Language Processing，2015，23（1）：21-31.

[48] TAO D，TANG X，LI X，et al. Asymmetric bagging and random subspace for support vector machines - based relevance feedback in image retrieval［J］. IEEE Transactions on Pattern Analysis and Machine Intelligence，2006，28（7）：1088-1099.

[49] KIM W，PARK J，YOO J，et al. Target localization using ensemble support vector regression in wireless sensor networks［J］. IEEE Transactions on Cybernetics，2013，43（4）：1189-1198.

[50] TIAN H X，MAO Z Z. An ensemble ELM based on modified AdaBoost. RT algorithm for predicting the temperature of molten steel in ladle furnace［J］. IEEE Transactions on automation science and engineering，

2010, 7 (1): 73-85.

[51] LV W, MAO Z, YUAN P, et al. Multi-kernel learnt partial linear regularization network and its application to predict the liquid steel temperature in ladle furnace [J]. Knowledge-Based Systems, 2012 (36): 280-287.

[52] KEARNS M J, VALIANT L G. Learning boolean formulae or factoring [R]. Aiken Computation Laboratory, Harvard University, Cambridge, M.A, Technical Report: TR-1488, 1988.

[53] FREUND Y. Boosting a weak learning algorithm by majority [J]. Information and Computation, 1995, 121 (2): 256-285.

[54] FREUND Y, SCHAPIRE R E. A decision-theoretic generalization of on-line learning and an application to boosting [J]. Journal of Computer and System Sciences, 1997, 55 (1): 119-139.

[55] BREIMAN L. Bagging predictors [J]. Machine Learning, 1996, 24 (2): 123-140.

[56] EFRON B, TIBSHIRANI R. An introduction to the bootstrap [M]. New York: Chapman & Hall, 1993.

[57] HO T K. Random decision forests [C]. Montreal : Proceedings of the 3rd International Conference on Document Analysis and Recognition, 1995: 278-282.

[58] QUINLAN J R. C4.5: programs for machine learning [M]. San Mateo, California: Morgan Kaufmann, 1993.

[59] BARROS R C, BASGALUPP M P, DE CARVALHO A C P L F, et al. A survey of evolutionary algorithms for decision-tree induction [J]. IEEE Transactions on Systems, Man and Cybernetics-Part C: Applications and Reviews, 2012, 42 (3): 291-312.

[60] 张春霞. 集成学习中有关算法的研究 [D]. 西安: 西安交通大学, 2010.

[61] KROGH A, VEDELSBY J. Neural network ensembles, crossvalidation, and active learning [J]. Advances in Neural Information Processing Systems, 1995 (7): 231-238.

[62] LIU Y, YAO X, HIGUCHI T. Evolutionary ensembles with negative correlation learning [J]. IEEE Transactions on Evolutionary Computation, 2000, 4 (4): 380-387.

[63] SCHAPIRE R E, FREUND Y, BARTLETT P, et al. Boosting the margin: a new explanation for the effectiveness of voting methods [J]. The

Annals of Statistics，1998，26（5）：1651-1686.

[64] ROONEY N，PATTERSON D，NUGENT C. Non-strict heterogeneous stacking［J］. Pattern Recognition Letters，2007，28（9）：1050-1061.

[65] 李柠，李少远，席裕庚. 基于满意聚类的多模型建模方法［J］. 控制理论与应用，2003，20（5）：783-787.

[66] RUNKLER T A，BEZDEK J C. Alternating cluster estimation：a new tool for clustering and function approximation［J］. IEEE Transactions on Fuzzy Systems，1999，7（4）：377-397.

[67] OPITZ D W. Feature selection for ensembles［C］. Orlando：Proceedings of the Sixteenth National Conference on Artificial Intelligence and Eleventh Conference on Innovative Applications of Artificial Intelligence，1999：379-384.

[68] ZHAO Z，ZHANG Y. Design of ensemble neural network using entropy theory［J］. Advances in Engineering Software，2011，42（10）：838-845.

[69] TANG Y，WONG W K. Distributed synchronization of coupled neural networks via randomly occurring control［J］. IEEE Transactions on Neural Networks and Learning Systems，2013，24（3）：435-447.

[70] YAN W. Toward automatic time-series forecasting using neural networks［J］. IEEE Transactions on Neural Networks and Learning Systems，2012，23（7）：1028-1039.

[71] DIETTERIEH T G. An experimental comparison of three methods for constructing ensembles of decision trees：bagging，boosting，and randomization［J］. Machine Learning，2000，40（2）：139-157.

[72] BREIMAN L. Stacked regressions［J］. Machine Learning，1996，24（1）：49-64.

[73] BREIMAN L，FRIEDMAN J，STONE C J，et al. Classification and regression trees［M］. New York：Taylor & Francis Group，Mathematics & Statistics，2017：368.

[74] SU Y，GAO X，LI X，et al. Multivariate multilinear regression［J］. IEEE Transactions on Systems，Man and Cybernetics - Part B：Cybernetics，2012，42（6）：1560-1573.

[75] DIETTERICH T G，BAKIRI G. Solving multiclass learning problems via error-correcting output codes［J］. Journal of Artificial Intelligence Research，1995，2（2）：263-286.

[76] RUMELHART D E, HINTON G E, WILLIAMS R J. Learning internal representations by error propagation [EB/OL]. [2024-02-20]. https://stanford.edu/~jlmcc/papers/PDP/Volume%201/Chap8_PDP86.pdf.

[77] SCHAPIRE R E. Using output codes to boost multi class learning problems [C]. San Francisco: Proceedings of the 14th International Conference on Machine Learning, 1997: 313-321.

[78] MARTÍFNEZ-MUÑOZ G, SUÁREZ A. Switching class labels to generate classification ensembles [J]. Pattern Recognition, 2005, 38 (10): 1483-1494.

[79] WANG X, YUAN P, MAO Z. The move ensemble method [C]. Guiyang: 2013 25th Chinese Control and Decision Conference (CCDC), 2013: 2726-2730.

[80] WOLPERT D H. Stacked generalization [J]. Neural Network, 1992 (5): 241-259.

[81] RICARDO V, YOUSSEF D. A perspective view and survey of meta-learning [J]. Artificial Intelligence Review, 2002, 18 (2): 77-95.

[82] 刘天羽. 基于特征选择技术的集成学习方法及其应用研究 [D]. 上海: 上海大学, 2006.

[83] 谢元澄, 杨静宇. 使用聚类来加速 AdaBoost 并实现噪声数据探测 [J]. 软件学报, 2010, 21 (8): 1889-1897.

[84] VIOLA P, JONES M. Rapid object detection using a boosted cascade of simple features [C]. New York: Proceedings of the 2001 IEEE Computer Society Conference on Computer Vision and Pattern Recognition (CVPR), 2001: 511-518.

[85] GUO Z B. Research on the algorithm of fast face detection and feature extraction [D]. Nanjing: Nanjing University of Science and Technology, 2007.

[86] 翁学义. 非线性预测控制方法的研究 [D]. 杭州: 浙江大学, 1998.

[87] 王保国, 刘淑艳, 等. 空气动力学基础 [M]. 北京: 国防工业出版社, 2009.

[88] BROOMHEAD D S, KING P G. Extracting qualitative dynamics from experimental data [J]. Physica D: Nonlinear Phenomena, 1986, 20 (2-3): 217-236.

[89] KENNEL, MATHEW B, BROWN R. Determing embedding dimension for phase-space reconstruction using a geometrical construction [J].

Physic Review A，1992（45）：3403-3411.

［90］ 王琳，马平. 系统辨识方法综述［J］. 电力情报，2001（4）：63-66.

［91］ BOUBEZOUL A，PARIS S. Application of global optimization methods to model and feature selection［J］. Pattern Recognition，2012，45（10）：3676-3686.

［92］ CEPERIC V，GIELEN G，BARIC A. Recurrent sparse support vector regression machines trained by active learning in the time-domain［J］. Expert Systems with Applications，2012，39（12）：10933-10942.

［93］ GUYON I，ELISSEEFF A. An introduction to variable and feature selection［J］. Journal of Machine Learning Research，2003（3）：1157-1182.

［94］ XU L，KRZYZAK A，SUEN C Y. Methods of combining multiple classifiers and their applications to handwriting recognition［J］. IEEE Transactions on Systems，Man and Cybernetics，1992，22（3）：418-435.

［95］ MERZ C J，PAZZANI M J. A principal components approach to combining regression estimates［J］. Machine Learning，1999，36（1）：9-32.

［96］ PERRONE M P，COOPER L N. When networks disagree：ensemble methods for hybrid neural networks［M］. London：Chapman & Hall，1993：126-142.

［97］ BREIMAN L. Out - of - bag estimation［EB/OL］.［2024-02-20］. https：//www.stat.berkeley.edu/~breiman/OOBestimation.pdf.

［98］ 陈湘芳，陈明，冯国富，等. 多变量时序回归树的黄瓜产量预测模型［J］. 计算机工程与设计，2012，33（1）：407-411.

［99］ 郭昌辉，刘贵全，张磊. 基于回归树与K-最近邻交互模型的存储设备性能预测［J］. 南京大学学报（自然科学），2012，48（2）：123-132.

［100］ 游文杰. 高维数据的PLS特征选择方法研究［D］. 厦门：厦门大学，2013.

［101］ 欧阳震峥，陶孜谨，蔡建宇. 一种不平衡噪声数据流集成分类模型［J］. 计算机工程与科学，2011，33（12）：99-105.

［102］ WEISS G M，PROVOST F. Learning when training data are costly the effect of class distribution oil tree induction［J］. Journal of Artificial Intelligence Research，2003（19）：315-354.

［103］ ANASTASSIOU G A. Fuzzy mathematics：approximation theory［M］.

Berlin Heidelberg: Springer, 2010: 51-63.

[104] TUV E, BORISOV A, RUNGER G, et al. Feature selection with ensembles, artificial variables, and redundancy elimination [J]. Journal of Machine Learning Research, 2009 (10): 1341-1366.

[105] 李玲俐. 数据挖掘中分类算法综述 [J]. 重庆师范大学学报（自然科学版）, 2011, 8 (4): 44-47.

[106] TING K M, WELLS J R, TAN S C, et al.Feature-subspace aggregating: ensembles for stable and unstable learners [J]. Machine Learning, 2011, 82 (3): 375-397.

[107] VERIKAS A, GELZINIS A, KOVALENKO M, et al. Selecting features from multiple feature sets for SVM committee - based screening of human larynx [J]. Expert Systems with Applications, 2010, 37 (10): 6957-6962.

[108] TSYMBAL A, PECHENIZKIY M, CUNNINGHAM P. Diversity in search strategies for ensemble feature selection [J]. Information Fusion, 2005, 6 (1): 83-98.

[109] 任力安, 何晴, 史忠植. 一种新的海量数据分类方法 [J]. 计算机工程与应用, 2002, 38 (14): 58-61.

[110] 施万锋, 胡学钢, 俞奎. 一种面向高维数据的均分式 Lasso 特征选择方法 [J]. 计算机工程与应用, 2012, 48 (1): 157-161.

[111] SHIRAI S, KUDO M, NAKAMURA A. Bagging, random subspace method and biding [C]. Berlin Heidelberg: Structural, Syntactic, and Statistical Pattern Recognition, Springer, 2008, LNCS 5342: 801-810.

[112] HASTIE T, TIBSHIRANI R. Discriminant adaptive nearest - neighbor classification [J]. IEEE Transactions on PAMI, 1996, 18 (6): 607-616.

[113] VAPNIK V N. The nature of statistical learning theory [M]. New York: Springer, 1995.

[114] SUYKENS J A K, GESTEL T V, DE BRABANTER J, et al. Least squares support vector machines [M]. Singapore: World Scientific, 2002.

[115] VALIANT L G. A theory of the learnable [J]. Communications of the ACM, 1984, 27 (11): 1134-1142.

[116] BREIMAN L. Heuristics of instability and stabilization in model selection [J]. The Annals of Statistics, 1996, 24 (6): 2350-2383.

[117] MORDELET F, VERT J P. A bagging SVM to learn from positive and unlabeled examples [J]. Pattern Recognition Letters, 2014, 37 (1): 201-209.

[118] HORNIK K. Approximation capabilities of multilayer feed forward networks [J]. Neural Networks, 1991, 4 (2): 251-257.

[119] 王庆云，黄道. 固定尺度最小二乘支持向量机 [J]. 华东理工大学学报（自然科学版），2006，32（7）：772-775.

[120] 姜静晴. 最小二乘支持向量机算法及应用研究 [D]. 长春：吉林大学，2007.

[121] WILLIAMS C K I, SEEGER M. Using the Nyström method to speed up kernel machines [C]. Denver: Advances in Neural Information Processing Systems 13 (NIPS), 2000: 682-688.

[122] GOLUB G H, VAN LOAN C F. Matrix computations [D]. Baltimore MD: Johns Hopkins University, 1998.

[123] DE BRABANTER K, DE BRABANTER J, SUYKENS J A K, et al. Optimized fixed - size kernel models for large data sets [J]. Computational Statistics and Data Analysis, 2010, 54 (6): 1484-1504.

[124] 赵强利，蒋艳凰，徐明. 选择性集成算法分类与比较 [J]. 计算机工程与科学，2012，34（2）：134-138.

[125] ZHOU Z H, WU J, TANG W. Ensembling neural networks: many could be better than all [J]. Artificial Intelligence, 2002, 137 (1-2): 239-263.

[126] 张春霞，张讲社. 选择性集成学习算法综述 [J]. 计算机学报，2011，34（8）：1399-1410.

[127] MARTÍNEZ - MUNOZ G, HERNÁNDEZ - LOBATO D, SUÁREZ A. An analysis of ensemble pruning techniques based on ordered aggregation [J]. IEEE Transactions on Pattern Analysis and Machine Intelligence, 2009, 31 (2): 245-259.

[128] MARGINEANTU D D, DIETTERICH T G. Pruning adaptive boosting [C]. Nashville: Processing of the 14th International Conference on Machine Learning, 1997: 211-218.

[129] RÉNYI A. On measures of information and entropy [C]. Berkeley: Proceedings of the 4th Berkeley Symposium on Mathematics, Statistics and Probability, 1961, 547-561.

[130] SCOTT D W. Multivariate density estimation and visualization [M].

New York：Wiley，1992.

[131] 王石，李玉忱，刘乃丽，等．在属性级别上处理噪声数据的数据清洗算法 [J]．计算机工程，2005，31（9）：86-87.

[132] WU X，ZHU X. Mining with noise knowledge：error-aware data mining [J]．IEEE Transactions on Systems，Man and Cybernetics-Part A：Systems and Humans，2008，38（4）：917-932.

[133] 林培榕，林耀进．噪声数据下基于模型权重与随机子空间的集成学 [J]．合肥工业大学学报（自然科学版），2015，38（2）：186-269.

[134] DAVÉ R N，KRISHNAPURAM R. Robust clustering methods：a unified view [J]．IEEE Transactions on Fuzzy System，1997，5（2）：270-293.

[135] BAI Y M. 基于数据挖掘技术的模糊推理系统设计 [D]．大连：大连海事大学，2013.

[136] QUINLAN J R. Induction of decision trees [J]．Machine Learning，1986，1（1）：81-106.

[137] 王家宝．基于随机优化的大规模噪声数据集快速学习方法 [J]．模式识别与人工智能，2013，26（4）：366-373.

[138] 吉卫卫．基于增量标号噪声数据学习的人脸识别研究 [D]．南京：南京航空航天大学，2011.

[139] FRIEDMAN J，HASTIE T，TIBSHIRANI R. Additive logistic regression：a statistical view of boosting [J]．The Annals of Statistics，2000，28（2）：337-407.

[140] FREUND Y. An adaptive version of the boost by majority algorithm [J]．Machine Learning，2001，43（3）：293-318.

[141] KOTSIANTIS S. Combining bagging，boosting，rotation forest and random subspace methods [J]．Artificial Intelligence Review，2011，35（3）：223-240.

[142] KHOSHGOFTAAR T M，HULSE J V，NAPOLITANO A. Comparing boosting and bagging techniques with noisy and imbalanced data [J]．IEEE Transactions on Systems，Man and Cybernetics-Part A：Systems and Humans，2011，41（3）：552-568.

[143] WAN C，XU Z，PINSON P，et al. Probabilistic forecasting of wind power generation using extreme learning machine [J]．IEEE Transactions on Power Systems，2014，29（3）：1033-1044.

[144] SHENG C，ZHAO J，WANG W，et al. Prediction intervals for a noisy nonlinear time series based on a bootstrapping reservoir computing

network ensemble ［J］. IEEE Transactions on Neural Networks and Learning Systems，2013，24（7）：1036-1048.

［145］ EFRON B. Bootstrap methods：another look at the jackknife ［J］. The Annals of Statistics，1979，7（1）：1-26.

［146］ 谢益辉，朱钰. Bootstrap方法的历史发展和前沿研究 ［J］. 统计与信息论坛，2008，23（2）：90-96.

［147］ BICKEL P J，FREEDMAN D A. Some asymptotic theory for the bootstrap ［J］. The Annals of Statistics，1981，9（6）：1196-1217.

［148］ SINGH K. On the asymptotic accuracy of Efron's bootstrap ［J］. The Annals of Statistics，1981，9（6）：1187-1195.

索引